数学語圏
数学の言葉から創作の階梯へ

志賀弘典

数学書房

はじめに

　私はもちろん日本が大好きだが、イタリア語の通じる地域、イタリア語圏を旅する楽しさも捨てがたいと思っている。一方、頭の中では数学の言葉が支配する数学語圏をいつも訪ね歩いている。

　数学の概念や思考法は、多くの場合世間でのものの考え方と共通点を持っていて、数学の言葉はそれを厳密に運用したり、意味を先鋭化したりしてできている。民族や文化によらない人類共通の基本概念や認識パターンは、ヒトの脳にデフォルトの機能 (初期搭載装備) として組み込まれているものとも考えられる。数学が、その機能を拡張してどのように高度な思考装置を作っているのかを考察してみようと考えた。このような対照作業は、難解な現代数学を思考方法に着目して垣間見ることをも可能にしてくれるのではないかと思う。

　60 歳を過ぎて "数学について" 書くことになったが、イギリスの高名な数学者ハーディが興味深い見解を述べている。

　専門の数学者にとって、数学について書くというのは憂鬱な経験である。数学者の役割とは、何かを為すこと、即ち新しい定理を証明し、数学に新たなものをつけ加えることであり、自分自身や他の数学者がしてきたことについて語ることではない。

　(中略)

　だから、もし私が数学をするのではなく、数学について書くということになると、これは私の弱みの告白であり、若

く精力的な数学者からは軽蔑されたり、憐れみを懸けられたりするのは当然であろう。私が数学について書く理由は、60歳を越えた他の数学者と同様に、自分の本来の仕事で業績を挙げるための新鮮な頭脳も精力も、また忍耐ももはやないからである。

(G.H. ハーディ、C.P. スノー『ある数学者の生涯と弁明』p.2)

しかし、私は60代で自分の創作の最盛期を迎えたい。そのために、さまざまな手助けを数学の外部からも借りて数学を続けるが、鑑 (かがみ) とする小芸術家群にも触れた。だが、最終的に自分の数学に向かう姿勢は数学者岡潔老師を大きな拠り所としているので、最後の項では、研究者の要諦として自分の内に取り込んだ岡老師の世界を描くこととした。このような実存的な接近以外に岡の実像に迫る道はないというのが私の考えである。

この本を全体としてみると、一人の小数学者が創作へ向かった階梯を語っている形になっているが、専門外の人が書斎を訪ねて話を聞いたつもりになれば、それなりに数学への案内として楽しんでもらえるかと思う。

2009年2月 　　　　　　　　　　　　　　　　著　者

　　本書では多くの書物からの引用を行った。自分の思考を古人の知恵に接続することによって普遍的な意味を持たせたかったからである。引用部分は前後を横線で区切り、出典を明示した。また、本格的な数学の議論はなるべく控えるようにしたが、もともと数学の世界を数学外の読者にも伝えることを目的としているので、数式を伴う最低限の数学的議論を含んでいる。この部分は縦の傍線で示し、これを読み飛ばしても文脈の整合性が保たれるように工夫した。以上、読者の了解を希望する。

目次

はじめに i

数学の顔 1
1　数学は美人か 1
2　『パンセ』とクリスチーナ 2
3　数学は野球になれるか 5
4　付記：数学と自然科学との相違 7
5　さらに付記：徒然草第四十段 7

自明 9
1　自明な手続き 9
2　自明な創作 11

計算と証明 16
1　虚構のリアリティー 16
2　直感、計算、理由 18
3　個体発生は系統発生を繰り返す 23
4　森有正の「経験」 25
5　数学の実在性をめぐる対論：対談集『考える物質』から.. 27

代数、幾何、解析そして算術 31
1　数学は数からつくられる 31
2　算術はえらい 33
3　岡潔のとらえた、解析、代数、算術 35
4　解析的なもの、代数的なもの、算術的なもの 36
5　プラトンの『国家』における教育論 40

	職人芸と数学	43
特異点		**49**
1	特異という言葉	49
2	数学に現れる特異点	50
	関数の特異点	50
	代数曲線の特異点	51
3	リーマンと特異点	54
	リーマン面のモジュライ	56
	リーマンの P 函数	57
	アーベル積分論	58
4	現実の世界での特異性の意味	59
	日常の世界とリーマン的視点	59
	伝記文学	60
	アウトサイダー	61
5	ユルスナール『ハドリアヌス帝の回想』と特異性	62
評価		**66**
1	評価とは	66
2	数学の手法としての"評価"	67
	実例1：評価によって収束を導く	68
	実例2: 自然対数底 e の超越性	70
3	評価への原理的な疑問	73
4	悪人芸術家カラヴァッジョ	74
線形性		**78**
1	ヴェルサイユと修学院離宮	78
2	パスカルの定理	83
3	パスカルの定理の文脈	88
4	線形性の背景	94

関係   100
   1   方程式と言葉 100
   2   おとうさん 103
   3   数学における関係：ホモロジーとコホモロジー 106

離散と連続   111
   1   離散的世界像の登場 111
   2   数学における離散的なもの 116

推論   123
   1   三手の読み 123
   2   付説：『方法序説』へのコメント 125

不変量   129
   1   三笠の山に出でる月も 129
   2   数学における不変性 130
   3   楕円曲線の不変量 135
   4   マドレーヌの記憶 137

予定調和   142

小芸術家たち   143
   1   パルミジャニーノ 144
   2   中島敦『名人伝』 147
   3   マルグリット・ユルスナール『老絵師の行方』 153
   4   アナトール・フランスの『タイース』 156
   5   藤原雅経 158
   6   オットテール・ル・ロマン 163
   7   冷泉為恭 167
   8   向井去来『去来抄』 170

老師：岡潔   175
   1   岡潔とのかかわり 175

2 岡潔の数学	176
3 要諦集	179
4 西野利雄師	191

岡潔と芭蕉の連句   200

参考文献   206

人名索引   212

数学の顔

1 数学は美人か

　数学は、世間ではあまり好かれている学問ではない。あまり尊敬されているわけでもない。試験で単位を落としそうな科目の筆頭ということで恐れられている。

　一方、その恐ろしい教科を采配する数学者というのは、奇妙な数式を操って暮らしている、世間にうとい無害で小心でオタクな種族に属する一種の人格障害者のような存在だろう。

　などと、世間一般で考えられている数学の顔つきを想像してみる。だが、これらは誤解である。

　人々は数学の顔つきを、恐ろしいとは思っても美しいとは思っていない。美は恐るべきものだ、と言った詩人がいたが、数学の真の姿をほとんどの人が知らず、その存在は広大な宮殿の奥からときおり威令を発する女王のようだ。私はこの女王に絶対服従しているが、民主主義社会の人々のほとんどは、この異界の君主に一向服従の意志を示さない。むしろ、女王を灰かぶり（＝シンデレラ）のように社会のはした女として扱おうとする。

　私は、この領地を持たない女王を弁護し、世間の誤解をいささかでも解いてみたいと考えた。

　そういえば、昔指導した数学科の女子学生が課題感想文で、自

分のことを『徒然草』に出てくる"栗食 (は) む娘"に (ただし、美しくはない栗食む娘と、謙虚に) なぞらえていたのを思い出す (項末引用参照)。そこに登場するのは栗しか食べない奇妙な美しい娘だが、数学ばかりしている若い女というのも、世間からみればそれに近い、という趣旨であった。これも、世間が抱いている数学の姿を的確にとらえていて私には印象に残っている。

2 『パンセ』とクリスチーナ

数学をするとき人はどういう頭の使い方をするのか。

このことについて、パスカルが有名な『パンセ』(断章 162 と 347 が特に知られている[1]) の冒頭、断章 1 に書いている。もっとも、『パンセ』は彼自身が完成した著作ではなく、死後残されていた未完の大著のための創作ノートを知人が整理して出版したものである。以下の引用はその書き出しの部分に当たるもので、パスカルの思想の中心をなすような大げさなものではない。それでも、パスカル的な明晰な思考の一端がうかがえて興味深い。

なお、パスカルは 17 世紀を代表する哲学者、宗教家、数学者、自然科学者であった。早熟の天才で 16 歳で発表した『円錐曲線試論』は、2 次曲線に関する"パスカルの定理"を含み、この定理は今日の代数幾何学の基本定理 (アーベルの定理)、および楕円曲線の数論の基本定理 (楕円曲線の加法構造) につながる重要な発見であった。"パスカルの定理"については別項で触れる。

---

[1] 断章 162 には"クレオパトラの鼻。それがもっと低かったなら、地球の表情はすっかり変わっていただろう。"があり、断章 347 には"人間はひとくきの葦にすぎない。自然の中でもっとも弱いものである。だが、それは考える葦である。"がある。

第1章、精神と文体に関する思想、
一、幾何学の精神と繊細の精神との違い。

前者においては、原理は手にさわれるように明らかであるが、しかし通常の使用からは離れている。したがって、そのほうへはあたまを向けにくい。慣れていないからである。しかし少しでもその方へあたまを向ければ、原理はくまなく見える。それで、歪みきった精神の持ち主ででもないかぎり、見のがすことがほとんど不可能なほどに粒の粗いそれら原理に基づいて、推理を誤ることはない。

ところが繊細の精神においては、原理は通常使用されており、皆の目の前にある。あたまを向けるまでもないし、無理をする必要もない。ただ、問題は、よい目を持つことであり、そのかわり、これこそはよくなければならない。というのは、このほうの原理はきわめて微妙であり、多数なので、何も見のがさないということがほとんど不可能なくらいだからである。ところで、原理をひとつでも見落とせば、誤りに陥る。だから、あらゆる原理を見るために、よく澄んだ目を持たなければならず、次に、知り得た原理に基づいて推理を誤らないために、正しい精神を持たなければならない。

(パスカル『パンセ』p.3)

ここで言われている"幾何学"とは数学のことである。イタリア、フランスのラテン文明圏では、現代でもギリシャ文化の伝統がさまざまな形で残っていて、ギリシャにおける数学が幾何学を中心にしていたこと、プラトンの哲学が近代まで大きな影響

を及ぼしていたことなどから、数学といえば幾何学という習慣であった。したがって、ここで主張されていることは、数学を考えるときの思考と、芸術的ないし哲学的思考とが異なっている、むしろ相容れないということである。

数学には証明がつきものである。そして、その証明の文章は論理的ではあっても、普段のわれわれの思考の流れとは合致しない一種の不自然さがある。われわれは、証明の文体で普段会話をすることはない。しかし、その論述で用いられている原理 (定義と推論規則) は簡明である。このような思考法や文体は、芸術を論じたりするときには用いられない。数学は力強い構造物だが繊細な造形ではない。パスカルはそう言っているように見える。

われわれの社会で数学が敬遠される最大の理由は、この数学の不自然な文体、不自然な思考様式にある。だれもその文章の内容には異議を唱えられないが、心底から納得できないのである。フランス近世を代表する哲学者かつ数学者であるパスカルも "幾何学の精神" と "繊細の精神" の間の葛藤を感じていたのではなかろうか。

このように書いてきて、私はふと、パスカルの数学像は、高い知性を持ち気位も高いが、エスプリや服装センスにおいてはいささかあか抜けない北国の女王を連想させると思った。

哲学者デカルト (R. Descartes, 1596-1650) を家庭教師に雇った女王クリスチーナ (Kristina, 1626-1689) は、彼がストックホルムの宮廷で歿して後 1655 年ローマに移住し、領土も領民も持たないローマに館住まいする名目だけの "スウェーデン女王" となった。パスカルの同時代人でもあるこの博学で鋭い知性の芸術庇護者は、「バロックの女王」とよばれたが、パリ訪問の際には、機能的で装飾のない乗馬服風の服装、単刀直入な会話がヴェルサイユ宮廷の女性たちには不評であったという (文献 [st] p.238)。

図1　スウェーデン女王クリスチーナ

3　数学は野球になれるか

　ギリシャに発した数学の文化圏から見れば、われわれは、東洋の片隅でギリシャ、ラテンの言語とはかけはなれた世界三大散在言語の一つである日本語で思考している。私は大学で相当数の東洋人の留学生にも数学の講義で接しているが、一般的に言って、彼らも計算は得意だが西洋流の数学的な思考は苦手だ。母国語の言語様式の中に論理的な思考が組み込まれていないからであろう。ラテン系の言語では、省略形の文章が用いられるが、その

規則は完全に論理的で、規則を熟知していればもとの文章が復活できる。そのようなラテン語で頭脳を鍛え古典を学ぶことが、何世紀にもわたって西洋知識人の必須の基幹教育であった。しかし、東アジアにおける省略形の記述言語は多分に慣習的であり、そのような論理性はもっていない。(たとえば、紀元 391 年の倭の朝鮮半島進出を記録した、広開土王碑文の解釈も一意的に定まるものではないらしい、文献 [nr] p.90 参照)。東洋の中でも係累をもたない更に特殊な言語的伝統のもとで暮らしているわれわれ日本人にとって、数学は今後も異文化であり続けるのだろうか。

遠くは仏教、近くはベースボールなど、日本人は日本独自の仕立て直しをしてさまざまな異文化を取り入れながら、自分たちの文化を築いてきた。あるいは、数学もそのような変質をするのだろうか。

この疑問に対する大きなヒントは、1940 年代から 50 年代初頭にかけて多変数複素函数論の分野で世界を凌駕する成果をもたらした岡潔の研究スタイルであろう。岡は「日本的情緒をもって数学をする」ことを唱え、日常生活で実践し、自らの連作論文によってこの言葉を実際の形にした希有の数学者である。これに関しては章を改めて詳しく述べることにする。岡は、芥川龍之介の言葉として「ギリシャは東洋の永遠の敵である。しかし、またしても心惹かれる。」という文章を何度か引用している (たとえば、春宵十話中の "学を楽しむ" 文献 [oks] p.39、なお、芥川の文学作品には当たってみたが、筆者はそれらしい文章を発見できなかった)。われわれ日本人にとって、パスカルの場合の幾何学的精神と芸術的精神の間の葛藤は、ギリシャの幾何学 (＝西洋の数学的思考法) と日本的情緒 (＝東洋の美意識) の間の葛藤に拡大されているように思われる。

4　付記：数学と自然科学との相違

このように、数学においては、研究者自身の文化様式が問われるが、生物学であれ、脳科学であれ、医学であれ、物理学であれ、およそ即物的な対象を研究する自然科学においては、そのような問題は生じないと思う。つまり、"日本的生物学"とか"東洋風の脳科学"というものは成立しない。数学は決して芸術ではないが、この意味では芸術に近いとも言え、多分 (他の科学をやったことがないので多分というのだが) 研究者の文化様式を持ち込んで戦うことが可能な唯一の科学なのである。また、そのことが数学の研究をして生きることの醍醐味であると私は考えている。

5　さらに付記：徒然草第四十段

以下に全文を引用する。

因幡 (いなば) の国に、何の入道とかやいふ者の娘、かたちよしと聞きて、人あまた言ひわたりけれども、この娘、たゞ、栗をのみ食ひて、更に、米 (よね) の類を食はざりければ、「かかる異様 (ことよう) の者、人に見ゆべきにあらず」とて、親許さざりけり。

(吉田兼好『徒然草』p.77)

この文章は含蓄深く、さまざまな角度からみるごとに、異なった色合いを帯びてくる。徒然草の数ある随想中の傑作の一つと思われる。この入道はなぜ、求婚者が殺到する器量の良い娘の

結婚を許さなかったのであろうか？　栗ばかり食べて普通の食事をとらない娘を、異様 (ことよう) の者と言い、人様の嫁として出せる資格がないからと結婚話をみな断ってしまった。ここから、父親の微妙な心の綾が浮かんでくる。そのような表面の出来事の他に、この短い物語から、ものの美しさは、変種であったり、変則的であったり、正しいものから敢えてはずれたもの (異様 (ことよう) のもの) であったりしてはならないという深い含意が感じられる。同時に、今日われわれは日常あまりにも異様 (ことよう) な"きれいさ"を見せられていることに気づく。

自明

1 自明な手続き

"自明である"とは自ずから明らかということである。英語なら apparent となるが、obvious, trivial などとも形容される。日常用語なら"当たり前"というところを、数学では"自明である"という。

数学の主張には証明をつける。原則としては、証明は許された推論手段の連鎖のみで構成されるが、すべての手続きを許可済みの処理法に従うことにすると膨大な長さになってしまうので、分かっている範囲で適当に端折りながら証明を述べることになる。数学のみならず、その後の諸科学の理論書の手本となったギリシャ時代の数学書『ユークリッド原論』(ストイケイア)では、前提となる公理から出発して、省略なしに厳密な論理で証明が与えられ、諸定理が一段一段積み上げられている。そのため、ユークリッド幾何学を展開するためだけで分厚い書物となっている。また、コンピュータによる自動証明というものも考えられているが、まだ実用の段階には至っていない。人間が直感的判断で自明な部分をすっとばす量が極めて多いからである。ふつう数学の証明は、想定されている読者の理解力に応じた詳しさで書かれる。したがって、学術論文での"証明"と、大学学部学

生用のテキストの"証明"では、何を自明な事実と見なすか、その水準に大きな違いがある。

　大学にいると事務手続きのための書類を当局に提出して、大学管理者の承認を受ける必要がしょっちゅう生じる。書類の上の方には関係担当者の職印欄がずらっとならんでいて、それらの関係者の承認印を順に得なければならない仕掛けになっている。

　しかし、実際には主要な担当者が書類をチェックし、あとの人々は適当に流し読みまたは、めくら判である。このプロセスは、上記の証明のプロセスにとても似ている。ここでも、厳密な過程で処理していては作業は膨大となり、そのほとんどは自明な作業であるにもかかわらず多大な労力がいたずらに消費され、当該部署の事務処理は大きく滞ってしまう。

　大学での学期試験に証明問題を出すことがしばしばある。受験者は証明をつけて結論を述べるのだが、ここでも、途中になんらかの意味の自明な部分の省略が入る。果たして、書いている本人が本当に自明であることを自覚しているのか、結論に到達するために苦し紛れに"自明"にしてしまったのかを判断するのが担当教員の仕事である。往々にして、非常に賢い受験者が、それを示すのにかなり議論を要する事実を自明と書いたりしているが、それは証明全体の文脈から判断し、その答案を正しいものと判定する。同じことを自明としている答案で、他のどうでもいいことをながながと述べていて、その困難なパートを素通りしている場合は、議論が不十分と判断して採点するのである。

　ふと、そんな採点の際に思ったのだが、全能の神は証明を必要としない。すべての事実が"自明"なのだから。すると、証明というのは、不完全な能力を持った人間という種が、自らの不完全さを克服してゆくために考えた方便なのだと思い至った。

　そういえば、数々の数論上の発見をわれわれに残したインド

の天才数学者ラマヌジャンには、証明という考えがなかったとも言われている。彼にとっては、数学的発見は神の啓示であって、みな自明な真理であったのかもしれない。

2　自明な創作

"自明"という言葉について、別の面から論じてみる。

数学者は研究論文の形で自分のオリジナルな発見を発表するのが仕事である。昨今、大学にいると教育活動を研究活動より優先した形式で公式書類を書くようになっているが、数学者は心の中で密かにその順位を逆転している。

教育活動は他人がとって代わることのできる仕事であるが、自分の研究は他の誰にも取って代わることのできない固有の領土である。数学者が数学者であろうと志すのも、まさに、自分にしかできない仕事によって学問の世界に名を残すことを目指すからであって、大学の講義を熱心にするために数学者になっているのではない(しかし、もちろん誠心誠意授業にも努力を注いでいるが)。

ゴルフなどの世界では、第一線で活躍するプレーヤーはトーナメントで戦うことを第一の仕事にしており、レッスンによって生活するレッスン・プロは2線級のプレーヤーということになる。一国の学問の研究水準を真剣に保とうとするなら、研究のトーナメント・プロを大切にすべきである。私の所属する大学は研究水準で国内最前線にいるわけではないが、同業者の話を聞くと研究条件に恵まれていると思われる大学でも、教員の教育義務は大きく、自由に海外にでて活動したり、国内の研究集会にでることに支障を来している。若い人々が研究者として雄飛することに希望を持てるような状況をつくる必要を痛感する。

話がそれてしまったが、その研究について。

　究極的には、数学者は後世に残る立派な結果がひとつでも得られればよいと考える。私個人がそう考えるのだが、他の多くの数学者も同じ考えであろうと信じる。すると、その一作の論文のために、駄作は一切書かなくてよいという考えも出てくる。この駄作を"自明な論文"ということもできる。当たり前のことしか述べていないように見える論文である。

　"自明な論文"の意味について考えてみた。

　芭蕉の門人向井去来による『去来抄：同門評』になかなか意味深いことが書いてあるので、引用する。

───────────────

　あさがおにほうき打ち敷くおとこかな　　　　　　風毛
　魯町曰く、この句ある人の長点也。いかが侍るや。去来曰く、発句といはば謂われんのみ。牡年曰く、先師の
　あさがおに我は飯食うおとこかな
　と、いかなる処に秀拙侍るや。来曰く、先師の句は和角蓼蛍句といへるにて、飽くまで巧みたる句に答へ也。句上に事なし。答ゆる処に趣ありて、風毛が句は前後表裏一つの見るべきものなし。この句は口を開けば出るもの也。こころみに作って見せん。題を出されよ。町すなはち露という。
　露落ちてしりこそばゆき木陰かな
　菊といふ。
　きく咲きて屋根のかざりや山ばたけ
　十題十句言下に賦す。もし、はらみ句の疑いもあらん。一題を乞ひて十句せん。町、砧 (きぬた) といふ。
　娘よりよめの音よき砧かな

乗り懸けの眠りをさます砧かな

　といふをはじめ、十句筆を置かせず。予は(芭)蕉門(人)遅吟第一の名有るすらかくのごとし。いはんや集にも出たる先師の句なれば、格別の處ありとおもひしらるべし。

　　　　　　　　　　　(『去来抄・三冊子・旅寝論』p.42)

──────────

　去来は、師芭蕉の俳句に対する考えをもっとも良く理解し忠実に後世に伝えた弟子である。

　ここでは、"自明な作品"を巡って故郷長崎にいる弟魯町および親戚筋の牡年に芭蕉一門の芸風の高さを諭している。おそらく長崎の俳人であろう風毛の、あさがおの句を町の俳諧師の評点が高かったというので例に持ち出し、魯町らは芭蕉のあさがおの句との優劣を論じようとする。去来は、芭蕉の句のすばらしさは、この一句だけで独立して現れているのではなく、江戸の俳人宝井其角の技巧を尽くした蓼と蛍を詠み込んだ句

　　草の戸に我は蓼食う蛍かな

へのあしらいとして意味があり、両方の句を対にしてはじめて価値が現れることを指摘している。さらに、風毛の句が独立した句としては何の趣も持たない自明な作品で、作るつもりになれば口をついていくらでも作れる類の駄作であると断じている。

　さらに、私の言っていることが嘘でない証拠に、題を出してもらって即座に吟じて見せようと魯町に提案する。魯町はすぐに、では、露(つゆ)を題にして作れと応じる。そして、去来は、しりこそばゆきの句を即座につくり、以下十題を出されてすべて即座に吟じた。さらに、普段からこれらを頭の中に作りためているという疑いを持たれるといけないから、そうでないことを見

自明　13

せるために与えられた一題で十句を作ろうと、さらに提案する。魯町もこれに応えて、では砧 (きぬた) の題で作れと言う。こうして、むすめよりよめ以下の十句も筆を置く暇も与えず作って見せた。"私は蕉門では作句の遅いので有名だが、その私ですらこのくらいはできるのだ"と、蕉門の句吟修行の凄さを見せつけた場面である。

さらに、去来は、蕉門ではこのような自明な句は日常掃いて捨てるほど吟じており、そのような日頃の修練の上に立って秀逸な句ができており、句集に収められている句はどれも、そしてと

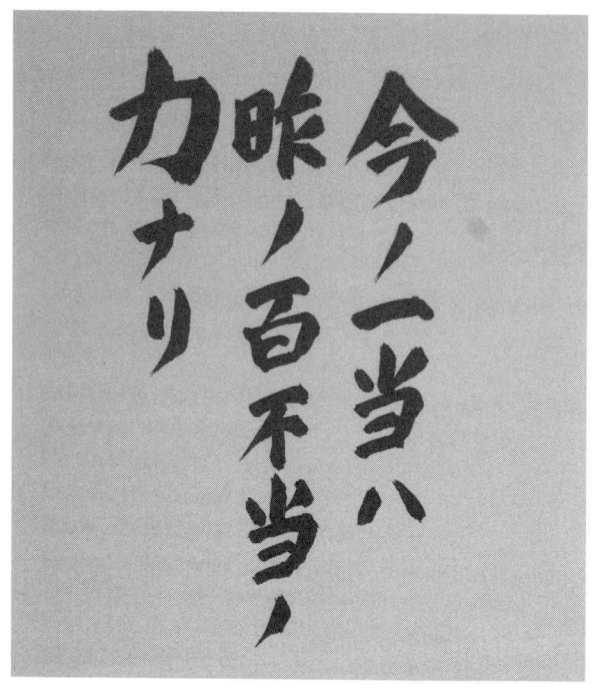

図1　英文、岡潔論文集扉、広中平祐氏の揮毫

りわけ先師芭蕉の句であればなおさら、選りすぐりのオリジナリティーに満ちた作品ばかりなのだと、対論者に注意を促している。

英文の岡潔論文集の扉に広中平祐氏による毛筆の言葉が載っている。

「今ノ一当ハ昨ノ百不当ノ力ナリ」

数学研究における"自明な作業"の意味も、この言葉に尽きている。

そして、私も、明日の一当を信じて今日の不当を繰り返している。

計算と証明

1 虚構のリアリティー

　私は 2006 年の春パリ大学での講演と共同研究の仕事の合間に、シャンゼリゼ劇場でのオペラ公演を見に出かけた。パリには二つの国立オペラ劇場 (あの「オペラ座の怪人」のオペラ・ガルニエとバスチーユの劇場) の他にもさまざまな由緒ある劇場が点在する。シャンゼリゼ劇場もその一つであるが、私は漫然とこの劇場へ出かけたわけではない。最近になって注目すべき公演を始めた古楽集団 "ル・ポエム　アルモニク" (le poéme harmonique 調和の詩) が、ルイ王朝期舞台芸術の最大傑作の一つと言われている「町人貴族」を、200 年途絶えていた初演の形式で復活上演をする、という企画に興味を惹かれたからである。

　この作品は、踊る王と言われたルイ XIV 世 (在位 1641-1715) の宮廷芸術家であった作曲家ジャン＝バチスト・リュリと、劇作家モリエールが、王の "何かトルコ風のおもしろい出し物" という発案に基づいて、音楽、劇、ダンスが緊密に結びついた "コメディー・バレ" という形式を編み出し創作したものであった。しかし逆に、この三位一体の高度な形式が、その後の再上演を困難にしていた。"ル・ポエム　アルモニク" は、この音楽舞踊劇上演のために、俳優および舞踊手たちと一体になって公演活動を始

め、7年に及ぶ各種の準備を整えて今回の上演に臨んだという。

舞台は、17世紀風のローソクだけでつくられたシャンデリアの照明で暗く華やかに照らされ、典雅な音楽も、達者な芝居も、動きにキレのあるダンスも、みな精彩を放っていた。中でも、有名な"リュリのトルコマーチ"の出てくる舞踏場面はトリハダが立ってしまった。そのディテールの美しさを述べていけばきりがないが、要するに、まったくの絵空事をとてつもなく真剣にやっているのである。まったくの虚構にこれほどの膨大なエネルギーを注いで形あるものにする。復元という過程を通して作者の意図を再発見すべく作品を深く追求する。そのオーラに圧倒され感動してしまった。

自分が、数学という学問に関わって生きているということも、このような行為に非常に近いなと感じた。口幅ったいことを言えば、ある事象を深く追求することによって、虚構と思われていた世界が燦然としたリアリティーをもつに至るその過程全体が、人が束の間この世に生きていることの意味だということだ。数学の対象は究極的には数の世界である。それは、たまたま世のため人のために役に立つこともあるので、学問の領域の一角を占めさせてもらっているが、世間は、"これは虚構の世界ではないか？ 単に数学者の脳髄で作られた複雑な虚像ではないか？"と疑っている。しかし、数学の領域に生きている人間にとっては、数学はどのような世の中の存在よりも確固とした現実の世界なのである。

このような、非数学者と数学者の感覚の相違はノーベル賞生物学者ジャン＝ピエール・シャンジューとフィールズ賞数学者アラン・コンヌとの刺激的な対談集『考える物質』の中の応酬にも典型的に現れている。興味深い論戦なのでその核心部を末尾に引用しておく。

計算と証明　17

2　直感、計算、理由

　それでは、数学的事実が新しい現実 (リアリティー) として認識されて行く過程はどのようなものであろうか。シャーラウとオポルカによる著書『フェルマーの系譜』[sop] では、2 次形式の数論の分野に限定して、数論の歴史における発想の展開過程が詳しく述べられている。

　著者たちによると、数学的認識の発展には 3 段階がある。人は一つの数学的事実に対し、"直感" から "計算" (calculation) へ、さらに "計算" から "理由" へ、と段階を踏むことによって明確な認識に到達すると主張されている。

　実際、数学において一つの理論ができるまでには、一般に長い時間の経過がある。すなわち、まだ理論とはいえない黎明期には数個の散発的な例が提示される。次に、新しい発想によっていくつかの重要な定理がもたらされる。さらに、それらの背景にある大きな法則性が見いだされて、数学全体を見渡す視野の中でその理論の位置が確定され、個々の定理もその観点から整理されて見通しの良いものになり一つの理論の完成に至るのである。

　一例としてペル方程式

$$Y^2 = nX^2 + 1$$

の歴史を辿ってみよう。ここで、係数 n は与えられた平方数でない 2 以上の自然数で、整数解 X, Y を求めようとしている。これはイギリスの数学者ペルがフェルマー (1601-1665) に提起した問題で、一人の指揮官が縦横 X 人で作られた n 個の小方陣を率いている陣形を、指揮官を含む全員で縦横 Y 人の大きな方陣に組み替えられるか？　ということから考えついたとも言われている。

図1 ペル方程式の起源

たとえば $Y^2 = 2X^2 + 1$ の場合、$(X, Y) = (2, 3)$ が解の一つであり、式変形 $Y^2 - 2X^2 = (Y - \sqrt{2}X)(Y + \sqrt{2}X)$ と対応して $(3 - 2\sqrt{2})(3 + 2\sqrt{2}) = 1$ が成り立つ。したがって

$$(3 - 2\sqrt{2})^2 (3 + 2\sqrt{2})^2 = (17 - 12\sqrt{2})(17 + 12\sqrt{2}) = 1$$

だから $(X, Y) = (12, 17)$ も解となり、同様に $(3 - 2\sqrt{2})^k$ $(k =$

$1, 2, \cdots$) からさらに無限に解が作られる。

（1） 17世紀。ペルの提起にフェルマーが応えて、いくつかの例を挙げている。

フェルマーの挙げているペル方程式の最小解：

n	X	Y
10	19	6
11	10	3
12	7	2
13	649	180
14	15	4
15	4	1
...	...	...
60	31	4
61	1766319049	226153980
62	63	8

フェルマーは、どのようにしてこれらの解を得たのか、また、与えられた n に対するすべての解をどのようにして得るかは述べていない。

（2） 18世紀に入って、ルジャンドル (1752-1833) は $\sqrt{n}$ の連分数展開によって、ペル方程式の一般解が得られることを示し、この方程式については完全な解決に達した。

そのレシピ：

$n=7$ を例にとる。$\sqrt{7}$ を連分数展開すると、整数部分 2 が現れ、以下分母に 1,1,1,4 が順に現れ、以下これが循環節の長さ 4 で繰り返される：

$$\sqrt{7} = [2, \dot{1}, 1, 1, \dot{4}] = 2 + \cfrac{1}{1 + \cfrac{1}{1 + \cfrac{1}{1 + \cfrac{1}{4 + \cdots}}}}$$

循環が終わる一つ前で止めた近似連分数

$$\frac{P}{Q} = 2 + \cfrac{1}{1 + \cfrac{1}{1 + \cfrac{1}{1}}} = \frac{8}{3}$$

から $(X, Y) = (3, 8)$ が最小解となる。他の解は $(8 - 3\sqrt{7})^k$ $(k = 1, 2, \cdots)$ から得られる。他の $\sqrt{n}$ の連分数展開の例を挙げておく：

$$\sqrt{2} = [1, \dot{2}]$$
$$\sqrt{3} = [1, \dot{1}, \dot{2}]$$
$$\sqrt{5} = [2, \dot{4}]$$
$$\sqrt{6} = [2, \dot{2}, \dot{4}]$$
$$\sqrt{7} = [2, \dot{1}, 1, 1, \dot{4}]$$
$$\sqrt{10} = [3, \dot{6}]$$
$$\sqrt{11} = [3, \dot{3}, \dot{6}]$$
$$\sqrt{13} = [3, \dot{1}, 1, 1, 1, \dot{6}]$$
$$\sqrt{14} = [3, \dot{1}, 2, \dot{1}, \dot{6}]$$
$$\sqrt{15} = [3, \dot{1}, \dot{6}]$$
$$\sqrt{17} = [4, \dot{8}]$$
$$\sqrt{19} = [4, \dot{2}, 1, 3, 1, 2, \dot{8}]$$
$$\sqrt{21} = [4, \dot{1}, 1, 2, 1, 1, \dot{8}]$$
$$\sqrt{22} = [4, \dot{1}, 2, 4, 2, 1, \dot{8}]$$

計算と証明

$$\sqrt{23} = [4, \dot{1}, \dot{3}, \dot{1}, \dot{8}]$$
$$\sqrt{26} = [5, \dot{10}]$$
$$\sqrt{28} = [5, \dot{3}, \dot{2}, \dot{3}, \dot{10}]$$
$$\sqrt{29} = [5, \dot{2}, \dot{1}, \dot{1}, \dot{2}, \dot{10}]$$
$$\cdots$$
$$\sqrt{61} = [7, \dot{1}, \dot{4}, \dot{3}, \dot{1}, \dot{2}, \dot{2}, \dot{1}, \dot{3}, \dot{4}, \dot{1}, \dot{14}]$$

このうち、循環節の長さが偶数のものは、$\sqrt{7}$ と同じ方法で最小解 (X, Y) が得られる。循環節の長さが奇数のものは、この方法で (X, Y) を作ると $Y^2 - nX^2 = -1$ になるので $(Y - X\sqrt{n})^2 = (Y_1 - X_1\sqrt{n})$ として最小解 (X_1, Y_1) が得られる。フェルマーが作成した表で $n = 61$ のときの X, Y が異様に大きいのは $\sqrt{61}$ の連分数展開の循環節が長く、しかも長さが 11 という奇数だからである。この方法で解がすべて作られることの直接の証明には、若干の連分数の理論の準備を必要とする。([sop] 第 4 章参照)

（3） 19 世紀、ガウス (1777-1855) はより一般に 2 次形式の数論を扱い、20 世紀のハッセ (1898-1979) は 2 次形式の数論はすべて p 進数の世界に簡約して考察できることを発見した。今日、ペル方程式は 2 次形式の数論の広大な一般論の中の興味深い特殊例とし位置づけられて理解される。また、ペル方程式に限れば、それは実 2 次体 $\boldsymbol{Q}(\sqrt{n})$ の単数群の構造を具体的に決定する問題と理解される。最小の単数である基本単数のより深い意味付けが、解析的数論におけるガウスの後継者であったディリクレ (1805-1859) によってもたらされている。こうして、ペル方程式の理論は、一般化された 2 次形式の数論の中で理解され、同時に 2 次の代数体の代数的理論

およびディリクレの L-函数と関連する深さを獲得した。

　ペル方程式の例で見るように、完成した理論の中には、幾人もの数学者の天才的な発想が織り込まれていることに気づくのである。

　シャーラウとオポルカは、(1) が "直感" の時代であり、(2) が "計算" の段階、(3) が "理由" に到達したレベルであると見ている。

3　個体発生は系統発生を繰り返す

　上記のようなプロセスは個人の認識の中でも繰り返していると考えられる。1950 年代に活躍した数学者岡潔は、「個体発生は系統発生を繰り返す」という発生生物学の原則を表す言葉を借用してこのことを表現している。ヒトは胎児期に成長する過程で、"魚類から始まって両生類を経て陸上生活をするに至りやがてほ乳類となり、さらに人類に至る"、という進化の全過程を簡略化したかのような段階を踏んでいる。このことが、発生生物学において上のようにたとえられる。

　人類は、今日の数学に到達するまで、数の概念を獲得し、ものの個数を数えたり、量を計ったりすることを身につけた。その中で分数を足したり掛けたりする演算は、かなり高級な文化であった。多くの古代社会 (たとえば古代中国文明) では、今日われわれが学校教育で学ぶような (通分して分数の和を計算する) 整理された分数演算の方法には必ずしも到達していない。

　また、方程式によって未知の量を決定する方法論に達するには、その未知の量をそのまま既知の量と同等に扱うという高度な抽象能力が必要であり、イスラムの発達した文明の中で自覚的な方法となった。東アジアでは未知数の扱いは存在しても、方

程式論という成熟した思考にまで到達することはなかった (『中国の数学』[yab] 参照)。

　数を考え計算する能力は、言語を扱う能力と同等に、人の基本的な知的機能としてデフォルト (初期搭載装備) 状態ですでに脳内に組み込まれていると考えられる。この初期機能を活性化すると、人は老化による脳の機能低下をある程度食い止められる、という最近はやっている考え方も、ここから来ているのであろう。「分数の計算」、「方程式」という、小学校、中学校で学ぶ算数、数学の基礎が現代人の学習のつまづきになるのは、すでにこれらが人類の歴史の中で、必須の通過点ではなかったことによるのである。「分数計算のできない大学生」が驚きをもって見られているが、今日の日本の知的機能の退化、知的営為に対する社会的評価の低さから見れば、驚くことではない。古代社会におけるさまざまな数学の展開を見て分かるように、「分数計算」というのは高度な文明であり、一定の工夫された文化装置によって、人工的に社会の中に組み込まなければ定着しない知的システムであった。岡潔が指摘したように、数学という文化的側面においても、ヒトは、個体発生において系統発生を繰り返している。分数計算のできない大学生は、この発達段階でつまづいているのである。

　現代数学では、気の遠くなるような高度な人工的認識装置を工夫して、さまざまな問題の考察に用いている。そのいくつかについて、本書で取り上げているのである。私なども、自分の数学認識力がそのような最先端の装置を駆使するまで進化していないので、自分の知的機能の進化レベルに合わせた概念装置で数学に立ち向かっている。

　ここでは論じないが、より広く一般文化的側面においても、同様な言語生活の退化と言語文化の社会的位置の低下とが、われ

われの社会の知的退化の底流となっているのである (たとえば、表現形容詞の単純化、造語機能の低下、既成の言語の意味の取り違え混同、言語によって新しい知的世界を構築する哲学的思考の風土が滅んでしまったこと、が挙げられる)。

岡潔は、人はものごとないしは心的世界をまず"初覚"し、それは"認識"へと進み、さらに"自覚"するに至って自家薬籠中のものとすることができると述べている (「天上の歌を聴いた日」[shi4] 参照)。期せずして上記の"直感"、"計算"、"理由"という段階の設け方と呼応している。

4　森有正の「経験」

哲学者森有正は一生をかけてパリと格闘した。彼はパリを深く知り、それを自分の確固とした認識とするために、大学の職を捨て、妻子とも別れて一人パリの地に留まった。彼は「経験」という言葉を突き詰め、それが一人一人の人間を規定するものだという考えに到達した。森が言っている、一つの認識が「経験」として一人の人間の意識の中に定着する過程が、シャーラウ-オポルカが「直感、計算、理由」とよび、そして岡が、「初覚、認識、自覚」とよんでいることに対応しているのであろう。人文哲学者である森は、数学的方法を通じて認識するという経路を通らず、人の認識を段階的に構造化するという明晰なモデルを持たなかったが、彼が「経験」という言葉で何度も指し示している精神的営為の事例の一つをつぎのように語っている。

どこでだったか今ではすっかり忘れてしまったが、どこか

フランス以外のところで、あるいはイタリアだったかもしれない、僕はある女体の彫像を見ていた。その作品はいくら見ていても倦きないほど僕を牽きつけた。僕は何度もそのまわりをまわった。僕にはその彫像の美しさに牽かれると共に、その牽かれる根拠のつかめない焦燥の念があった。それで何度もそのまわりをぐるぐるまわり、終いに疲れてしまって、部屋の隅にあった椅子に腰を下ろした。その瞬間に僕は、自分が同じような経験を何度もしたことを思い出した。それは、ある時はカテドラルであった。ある時は一個の彫刻、ある時は一枚の絵であった。明るい太陽をうけて真白に輝くシャルトルの大伽藍、鳩の群がる外陣部の方から斜めに見える実に密度の高い、しかも均整のとれたパリのノートル・ダムのうしろ姿、モンパルナスのアトリエ (筆者註：現在のブールデル美術館である) にあるひなびてしかも高貴なブールデルのサント・バルブ、ルーヴルにあるアヴィニオンのピエタ、その他、数かぎりない同じような経験がにわかによみがえって来た。

　そこには一つの共通した事態があった。限りなく牽かれながら、その牽かれる根拠が深くかくされている、というその事態であった。その瞬間に僕は、自分なりに、美というものの一つの定義に到達したことを理解した。それは、僕にとって、人間の根源的な姿の一つであった。それはそれで一つの理解ではあろうが、僕にとって一番大切だったのは、そういう数限りのない作品が、一つ一つ美の定義そのものを構成しているのだ、という驚くべき事態であった。換言すれば、一つ一つの作品が、「美」という人間が古来伝承してきた「ことば」に対する究極の定義を構成しているという事実だった。

　経験が名辞の定義を構成する…。これは経験という言葉

の含蓄する意味の一部かも知れないが、またその本質的な部分であるに相違ない。

(森有正「霧の朝」(『遥かなノートルダム』p.12))

森は、そのような「経験」によって人は生きる意味を見いだす、あるいはその「経験」の集積こそが人生そのものであると主張し、そのような生き方が古代から現代まで繰り返されて来たが、いまや、その大きな前提自体が危機に瀕していると1966年の時点で指摘している。

5 　数学の実在性をめぐる対論：対談集『考える物質』から

本項のはじめに触れた、生物学者ジャン＝ピエール・シャンジューと数学者アラン・コンヌの数学の実在性をめぐる議論を以下に引用する。

シャンジュー：数学的対象の本質に話を進めてみよう。これには「実在論」と「構成主義」という真っ向から対立する二つの立場があります。直接にはプラトンからアイデアを借りている「実在論者」にとって、世界には感覚的実在とは別の実在を持っているイデアがあります。自分は「実在論者」であると思っている数学者はたくさんいます。たとえばデュドネは著作の中でこんなふうに書いています。「数学者の諸観念は人によって変わるので、これを記述することはかなり困難である。数学者は数学の扱う対象は感覚的実

在とは別の『実在』(これはプラトンが『イデア』に認めていた実在におそらく似たものであろうか) を持っていることを認めている。」(中略) すでにデカルトは幾何学に関しては形而上学に準拠していました。デカルトはつぎのように書いています。「わたしが三角形を思い描くとき、わたしの思考の外にはそのような図形が世界のどこにもおそらく存在しないし、また、かつて一度も存在したことがないのだが、それでもやはりその図形によって規定されたある種の性質、形象や本質が依然として存在する。その図形は不変であり永遠であり、わたしはその形態を発明したのではまったくなく、またその図形はいかなる意味でもわたしの精神に依存していない。」(筆者註：デカルト著作集 2 [dca]『省察 V』)。「構成主義者」にとっては、数学の扱う対象は、数学者の思考の中にしか存在しない理性的存在です。そして質量とは関係のないプラトン的世界には存在しません。数学的対象はまさに数学者のニューロンとシナプスのなかにしか存在しないわけで、数学者は数学的対象を理解し、用いる人々と同じように対象を作り出す。(中略) 以上二つの対立する観点にたいして、あなたはどういう立場ですか？

　コンヌ：ぼくは実在論の観点にかなり近いと思っています。ぼくの考えでは、たとえば、素数の列はわれわれを取り囲む物質的現実よりも安定した実在性を持っています。仕事中の数学者を世界発見の探検家にたとえることができます。実践が生の事実を発見するのです。たとえば、わたしたちは単純な計算を行いながら、素数の列は終わりがないようだということに気づきます。そのとき数学者の仕事は素数は無限に存在することを証明することです。これは、ユークリッ

ドが発見したことでした。数学者が数学的実在を求めるときには「思考の道具」をつくりだします。この道具と数学的実在とを混同してはいけません。

　シャンジュー：数学の扱う対象は物質および脳の支えとは一切関係なく「この宇宙のどこか」に存在している、という意見にわたしは疑問を持っています。数学者は一つの普遍的言語を構築しているのであり、その普遍的言語によって数学者は前もって構築しておいた対象の特性を認めることができるのです。中国語やロシア語が人類以前に存在していたとは誰も考えない。なぜ、数学にだけそういう(人間の認識と独立した存在であるという)仮説が成り立つのですか？

　コンヌ：数学的実在とわれわれを取り囲む物質世界とを比較してみましょう。われわれの脳が物質世界について抱く知覚が関与せずにこの物質世界の実在を立証するものは、いったい何でしょうか？　主として、われわれの知覚の一貫性であり、永続性です。もっと正確に言えば、ただ一つの同じ個体にたいする触覚と視覚の一貫性です。そしていくつもの個体の知覚間の一貫性です。数学的実在は同じ性質をもっています。幾通りもの違った方法で行われるある計算の結果は、ひとりの個人がやろうと何人もの人がやろうと、同じです。
(ジャン＝ピエール・シャンジュー、アラン＝コンヌ対談集『考える物質』p.13〜)

───────────────────

　ここで持ち出されている「実在論者」と「構成主義者」とは次のように要約される。前者では、数学の対象(それはすべて自

然数に還元されるが）は物質的な基盤なしに存在しているイデアの世界の存在と考える。後者は、数学を、自然数という単語をならべて人間の脳のなかでつくられる一つの言語と見なしている。しかし、私の考えではこの離れているように見える二つの立場は、それほどは遠くない。数学者は日々数学的対象と向き合って暮らし、つねにその対象を自分でさまざまに操っている。そのありさまは、ある機械装置をいじったりするのに似ていて、しかも数学的な装置はより精巧にできている。"素数の列はわれわれを取り囲む物質的現実よりも安定した実在性を持っています"というのは、そのような状況の中から言われている。非数学者にとっては、数学の現場は遠い存在で、実際にはなにか既成の理論、既成の定理を自分の向き合っている状況に適用するという接し方をする。"乗り換え案内"というインターネットのサイトがあり、始発駅と終着目標を入力すると最短経路を教えてくれる。非数学者にとっては、数学はその存在を実存的に実感する対象ではなく、"乗り換え案内"のようなブラックボックス装置である。人類が滅びるときに、幾つかの数学の定理を書き留めて宇宙船に乗せて送り出し、地球外生物に託したとする。これを発見した地球外の知的生命体は、そこに書かれている定理、たとえば素数定理など、を理解することができるであろう。それは、中国の砂漠でかつて栄え滅んでしまった国の奇妙な言語がいずれ解読されるようになるのと似ている。このように考えると、素数定理は物質的条件をを超越したイデアの世界の事実であるとも見えるし、一つの普遍言語であるとも思えてくる。その捉え方の違いは、数学の内に住んでいるか、外に住んでいるかによっているのではないだろうか。

代数、幾何、解析そして算術

1 数学は数からつくられる

「科学の天才は10年に一度出てくるが、芸術の天才は100年に一回だ。さらに、宗教的天才となると1000年に一回出現するだけとなる。」こんな言葉を時折目にする。何だかそれと似たことが解析、代数、算術にも当てはまるような気がする。よく用いられる、数学の分類法について考えてみたい。

初対面の人、たとえば音楽を専門にする人と顔を合わせ、私がいろいろ質問して話がはずんだあとで、ふと会話の間が空くと、あなたはどういう数学をされているのですか？などとよく尋ねられる。相手は多少の礼儀とも思って一応聞いてくるのだろうが、そこで私は言葉に窮してしまう。その相手は代数とか幾何とか解析とか、多少は見覚えのある言葉と結びつけて"数学"という余りにも茫漠とした対象を、自分の知っている世界に結びつけたいと思うのであろう。

数学者の方でも大概は、自分は代数を専門にしていますとか、幾何を専門にしていますと答える。あるいは、もっと細かく群論をやっていますとか、微分方程式を研究していますと答える数学者もいるだろう。

尋ねた方も、それで期待した答がえられたわけで、分からない

ながら一応納得する。こうして世の中は丸く収まるのだが、私の場合、そんな名前の付く専門をやっているわけではないので、「すいません、説明できません」とすぐに謝ってしまう。その一方で、私は数学の分野の分類などには大した意味はないと思っている。なぜなら数学は一つだからだ。

数学の全体は、

$$1, 2, 3, \cdots$$

という自然数のみを基礎として、その上にすべての分野、すべての理論が築かれている。もう少し詳しく言えば、以下のようになる。自然数の全体に負の数とゼロを加えた整数全体を考える。これら整数相互の間の、和、積の演算と大小関係が定義されているものとし、この演算と大小関係を伴った整数全体の集合を $\mathbf{Z}$ とする。すべての数学の定理は $\mathbf{Z}$ から出発して、さまざまな概念措定をしながら、三段論法と背理法のみによって導かれるのである。[より厳密には、無限を取り扱うための"選択公理"も用いる。数学的帰納法も選択公理の簡単な場合と考えられる。]

数学が論理的な学問だとは、一般よく言われているが、上記のような意味でもっとも素朴な基礎の上に作られた巨大な一枚岩の論理体系であるということは、あまり意識されて教育の場でも語られない。逆に、一般社会では、数学というのはよく分からない、あるいはまったく理解不可能な用語の飛び交う複雑でマニアックな世界と思われたりする。

多くの数学者が、一つの分野いや一つの理論だけを研究しているのは、単に数学の世界が広大すぎて自分のテリトリーを限定して研究せざるを得ないからで、そのように細分化されていても、数学の全体は一つの有機体なのである。

このような数学の全体像を頭に入れた上であれば、代数、幾

何、解析という用語は一定の意味を持ってくる。この節では、それらの言葉によってよび起こされる数学の異なった側面を描写的に考察したい。

通り一遍の言い方をすれば、解析は無限と極限操作を用いてしこしこと答に迫ってゆく数学の手法であり、代数は演算構造に注目して思考を展開し一気に答に到達する。

一方、幾何は図形的イメージで数学的対象を論じる。

すると、解析と代数は数学に接近する手法を表しているが、幾何は手法ではなく対象化の方向を指している。したがってこれらを並列的にならべて数学を分類するのは正しくない(と筆者は思う)。ちなみに、解析的に幾何学をすれば解析幾何学だし、代数的に幾何学をすれば代数幾何学だが、解析的に"代数する"ことはできないし、代数的に"解析する"こともできない。したがって、"解析代数"や"代数解析"という分野は成立し得ない。

話が若干マニアックになるが、佐藤超関数の立場に立って、代数的手法で微分方程式を研究する分野を"代数解析"とよんだりする。これは、従来は解析学でやっていた微分方程式という対象を代数的に扱うというニュアンスであろう。英語で何と言っているのか知らないが、数学用語としては定着しないと思う。

2 算術はえらい

これらと並んで古代から算術(=数論)という数学の領域が存在していた。これは文字通り数について論じるのであるが、一般には"読み書きそろばん"の類と思われるであろう。すると、代数、幾何、解析より一段格下の学問分野かと受け取られそうだ。実際、"算術"などという、古めかしくもありちょっとダサイ感じの言葉は、イメージ戦略がもてはやされる当節の大学の講

座名には登場しない。

　しかし、算術 (arithmetic＝数論) はえらいのである。

　ピタゴラスは和声が弦の長さの比から説明されることを発見し、「万物は数である」と宣言して、世界のもろもろの現象は数の言葉に還元されるという信念を抱いた。この思想は、ピタゴラスの弟子アルキュタスを通じてプラトンに伝えられ、数学 (＝数論と幾何学) はプラトンの哲学の大きな原理を構成した。プラトンは大著『国家』で哲人が統治する理想国家を論じているが、国を支える人材育成の教育科目の第一に数論を挙げている (末尾の文章を参照)。なおプラトンはこの引用の文章に続けて、数論に次いで幾何学、天文学、音楽を必須の4科目として挙げている。これら4学科を基礎とする教育思想はヨーロッパ中世の大学において、神学や法律学の主要な専門に入る基礎修練を与えるものとして重視され、さらにプラトンの哲学をもっとも重んじた文芸復興期の宮廷文化においても、この考えは受け継がれ「基本四学芸」ないし「基礎四科」とよばれて重要視されていた。

　余談であるが、今日でもヨーロッパの伝統ある大学には音楽科が置かれ音楽研究と演奏活動とが一体になって行われている。また、多くの一流の音楽家がこのような総合大学から現れ、またしばしば彼らが医学科、数学科、美術科、哲学科出身であったりするのも、このような深い伝統から発しているものと思われる。さらに言えば、古代に於いて天文学は応用幾何学であり、音楽は応用算術学であると考えられていた。

　近世以降、算術の諸問題は数学者にとっての北極星のような存在となり、つねに各時代の数学の羅針盤は究極の地点としての数論を指していた。1950年以降のことで見ると、数学全体に影響を与えた大きな予想が以下のような順で解決されている：

　ドリーニュによって解決されたヴェイユ予想 (1973年)。

ファルティンクスによって解決されたモーデル予想 (1983 年)、
ワイルスによって解決したフェルマー予想 (1993 年)、
(文献 [ferm],[mord],[tau] 参照)。

これらの予想は、すべて算術に関わるもので、しかも長い年月解決が与えられなかったが、数学者たちが解決に努力する過程で多くの重要な理論が生み出され、既成の理論の意味が深く問われる契機を与えた。なお、上の例示からも冒頭の「科学の天才は 10 年に一度現れる」ことが納得されるであろう?!　ついでに言えば、数学のもう一方の極は物理現象である。近世以来の数学は、数論と物理学という両極を意識しながら進展してきたように見える。近年、再び物理学と最先端の数学の関係が緊密になり、とくに、数論への理論物理学的接近が新しい数学の展開をもたらしつつある。

3　岡潔のとらえた、解析、代数、算術

突然話が変わるが、岡潔は、20 世紀前半 1930 年代から 1950 年代にかけて多変数複素解析函数論の分野で研究を進めた数学者である。当時未解決のクザンの問題、正則領域の特徴付けの問題を十分一般的な状況で解決し、その過程で今日の層の理論に到達し、解析函数の芽の層の連接性定理を示した。現代数学全般で必須となる概念と定理をも副産物の形でもたらしていたのである。彼は世界からも、日本の学界からもほとんど孤立した状態で研究を続け、ただ一人でヨーロッパの学界を遠く抜き去った数学者である。岡は、通常考えられている数学の研究方法ではなく、日本的情緒を数学研究の基礎と考えて、独自の思想によって当時の難問に迫っていった。その方法論は、単に未解決問題を解くことを目標にするのではなく、対象となる数学的現象の全体を広

くかつ深く認識することを目指して問題の本質に迫ろうとした。

岡はおよそ20年におよぶ多変数複素解析函数論の研究の成果を9編の連作論文によって世に発表した。"岡の連接性定理"とよばれている重要な結果が導かれている論文(第七論文)では、解析函数という文字通り解析的対象が論じられているにも関わらず、"Sur quelque notions arithmétiques"(ある種の算術的概念について)という奇妙な題名がつけられている。

岡は、自分の独自の思索を、つねに鋭い詩的言語で日常においても語っていた。それが、どのような考え方であり、どのような言葉で表現されたかは項を改めて論じたい。

岡においては、解析的現象とは近似という手段によって迫ることのできる世界であり、代数的現象とは、有限のステップで問題を解きほぐすことのできる世界、それに対して算術的現象は、近似も問題の段階的解決もできない世界と考えられていた。解析函数の世界に現れる一種の有限性を捉えるために、そのような意味での"算術的"概念を定立したことを指して、論文の標題としているのである。

ここに、岡の情緒的認識の一端が顕著に現れている。これは、解析、代数、算術という用語の、通常の用法とは異なっている。研究の現場にあって経験からえられた感触を伝える言葉であるが、そのためにかえってこれらの概念の本性に迫っている。

4 解析的なもの、代数的なもの、算術的なもの

上記2通りの意味を考慮しながら、解析、代数、算術的現象の典型を示す例を挙げてみたい。

[解析的な接近]

a を与えられた自然数としよう。未知数 x, y に関する方程式

$$x^2 + y^2 = a \qquad (1)$$

を考える (ただし、a は平方因数を持たない自然数とする)。図形的に見れば (x, y) は、半径 $\sqrt{a}$ の円 O の周上の点を表しているから、解析的な立場では係数 a は意味をもたず、解は実数パラメータ t によって

$$x = \sqrt{a}\cos t, \ y = \sqrt{a}\sin t$$

で与えられる。

[数論的な接近]

では、(1) 式の整数の解 x, y はどのようにして見つかるだろうか? これは、古代ローマの数学者ディオファントス以来問題とされた "平方和定理" に関わる問題で、17 世紀になってフェルマーが特別な背理法を用いる証明を与え、その後 2 次体の整数論によって、より統一的な解釈ができるようになったが、いずれにしても簡単に解けるものではない ([sop] 参照)。

ここに、一つの問題を解析の観点から捉えた場合と、算術的な観点で考えた場合の違いが顕著に現れる。

上記 (1) 式は a が 2 以上の素数の場合、$a = 4n + 1$ の形なら整数解が存在し、$a = 4n + 3$ の形なら整数解は存在せず、2 のときはもちろん解が存在する (証明は [sop] p.14 参照)。$a = 2, 5, 13, 17, 29, \cdots$ なら $2 = 1^2 + 1^2, 5 = 1^2 + 2^2, 13 = 2^2 + 3^2, 17 = 1^2 + 4^2, 29 = 2^2 + 5^2$ のように整数解 (x, y) が存在し、$a = 3, 7, 11, 19, 23, 31, \cdots$ では整数解 (x, y) が存在しないのである。a が小さな数なら試せば良いが、どんなに大きくなってもこの基準が適用できるのである。

[代数的な接近]

なお、この方程式の有理数解について考えると、つぎのよ

代数、幾何、解析そして算術　　37

うな事実が分かる。(p,q) という一組の有理数解が存在したとしよう。(p,q) を通る有理数の傾き $-k$ の直線 L は方程式 $(y-q) = -k(x-p)$ で与えられ、円 O とはもう一つの交点

$$x_1 = \frac{(k^2-1)p + 2kq}{1+k^2}, \ y_1 = \frac{2kp - (k^2-1)q}{1+k^2}$$

で交わるが、この (x_1, y_1) が (1) 式の有理数解である。

逆に、(p,q) 以外の O の上の有理点 (x_1, y_1) が与えられればこの 2 点を通る直線の傾き $-k = (y_1 - q)/(x_1 - p)$ はもちろん有理数である。

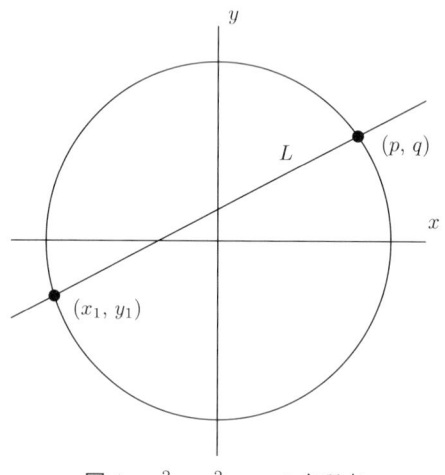

図 1　$x^2 + y^2 = a$ の有理点

このように、有理数解 (p,q) の存在を仮定すれば、解の全体がこの (p,q) を通る直線の傾きとしての有理数全体と 1:1 に対応する。このような解全体の構造は、有理数解を持つ方程式 (1) 式に対しての一般的な性質である。これが、代数的な接近法である。

フェルマーによって数学者の注意が喚起され、ワイルスによっ

て解決したフェルマー予想は次のように述べられる。

「n を 3 以上の自然数とする。$x^n + y^n = z^n$ を満たす整数解で $xyz \neq 0$ となるものは存在しない。」

この予想が解決しても、整数係数 a, b, c を伴った

$$ax^n + by^n = cz^n$$

については、ほとんど何も分かっていないらしい (筆者の勉強不足で "らしい" としかいえないが)。つまり、算術の世界では、一つ問題が解決しても、そこから一般的な法則に至るまでは大変に遠いのである。前の、平方和問題もフェルマーの解決以後、ガウスによる 2 次体の数論の一般的理論に到達するのに 150 年を要している。

つまり、算術の世界では、具体的な一つの問題が解けても、すぐ隣にある問題はもう分からないのである。

フェルマー予想の解決で用いられた楕円曲線の数論において、"(有理数係数) 楕円曲線の階数の有限性" はモーデルの定理とよばれ、基本的な定理であるが、上記の円 O の有理点の際に述べたのと同様に、係数の特殊性を用いることなく一般的に論じることができ、代数的な現象といえる。しかし、与えられた楕円曲線の階数を与える一般公式は依然予想 (バーチ・スウィンナートン＝ダイアー (Birch and Swinnerton-Dyer) 予想) の段階に留まっている。つまり、数論の世界では個々の現象を統御する一般規則が見つからないか、存在しても非常に深い背景から現れてくるのである。ガウスが一般的証明を与えた「平方剰余の相互律」などが、数論的現象の背景の深さを示す典型的な例である。なお、「バーチ・スウィンナートン＝ダイアー予想」は、クレイ数学研究所が掲げている 7 大ミレニアム懸賞問題の一つでもある (claymath.org から入って見ることができる)。

幾つかの算術的問題の解決の歴史を見てみると、最初の突破口は、ある特別な条件下でなにか解析的な方法を用いて与えられるが、全面解決した時点では代数的な視点なり方法が見いだされている。結局、算術的な問題にあらたな代数的解釈が下されて、新しい代数学の一分科として位置づけられたりすることがしばしばある。しかし、そこに至るまでのタイムスパンが非常に大きいのである。

5　プラトンの『国家』における教育論

　プラトンは大著『国家』で哲人が統治する理想国家を論じている。第七巻では、その国家を治める人々（哲人にして支配者であり同時に戦士であるような人材）を育成する方法が、対話者グラウコンと著者との対話形式で述べられる。その教育論は近世までの西洋の教育カリキュラムに影響を与え続けた。以下にそのごく一部を引用するが、国家の中枢を担う人間の教育には数論という教科が最も重要であると主張される。これに続いて、幾何学、天文学 (＝応用幾何学と考えられていた)、音楽 (＝応用数論と考えられていた) の 4 つの教科が全人教育の基礎として不可欠であるという結論に導かれる。これらは中世の大学においても、基礎 4 科とよばれ、論理系の 3 科 (文法、論理、修辞) と共に大学の教養課程 (リベラルアーツ) の最重要科目となったのである。

　つまり、これはヨーロッパ知性が伝統とするものの源流なのである。

　　「しかるに、計算術と数論とは全体として数に関わるもの

である」

「ええ、たしかに」

「しかるにまた、数のもつ右のような性格は、真実在へと導くものであることは明らかである」

「なみなみならずそうですとも」

「してみると、どうやらそれらの学問は、われわれが求めている学科のひとつだということになるようだ。というのは、戦士にとっては、軍団を編成するためにそれを学ぶ必要が有るし、哲学する者にとっては、生成界から抜け出して実在に触れなければならないがゆえに、それを学ばなければならないのであって、そうでなければ、思惟の能力ある者とはけっしてなれないからである」

「そのとおりです」と彼。

「しかるに、われわれの国の守護者は、まさに戦士にしてまた哲学する者なのだ」

「ええ、むろん」

「したがって、グラウコン、この学科を学ぶことを法によって定め、国家においてもっとも重要な任務に将来参与すべき人々を、計算の技術の学習へ向かうように説得することは、適切な処置であるということになる。そして彼らは、この学科に素人として触れるのではなく、純粋に知性そのものによって数の本性の観得に到達するところまで行かなければならない。貿易商人や小売商人として商売のためにそれを勉強し訓練するのではなく、その目的は戦争のため、そして魂そのものを生成界から真理と実在へと向け変えることを容易にするためなのだ」

(中略)

代数、幾何、解析そして算術

(数学者に向かって、あなたがたが議論しているのは、どのような数なのか？、と尋ねるとどのように答えるだろうか、という問にグラウコンが)

　「こう答えるだろうと思います — … 彼ら (数学者) の語っている数とは、ただ思惟によって考えられることができるだけで、ほかのどのような仕方によっても取り扱うことのできない数なのだと」

　「それなら友よ」とぼくは言った、「君もこう見るのだね—おそらくこの学科こそはわれわれにとって、本当の意味で必要欠くべからざるもの (強制力をもつもの) であろうと。なぜなら、それは明らかに、魂を強制して、純粋の知性そのものを用いて真理そのものへ向かうようにさせるのだから」

　(中略)

　「それにまた、ぼくの思うには、およそこれくらい学習し勉強する者に対して多くの労苦を課する学科というものは、容易には見つからないだろうし、見つかってもそうざらにはないだろう」

　「ええ、たしかに」

　「こうして、以上見られたすべての理由によって、この学科はなおざりにされてはならないのであって、むしろもっともすぐれた素質をもつ者たちは、この学科によって教育されなければならないのだ」

(プラトン『国家』下、p.123–p.127)

職人芸と数学

　毎週火曜日に私は学部4年の学生のセミナー指導をしていた。4月にはじまって、以後毎週学生の発表を聞きながらさまざまの数学上のコーチをする。そのときにふと、3年間かすかす数学に触れてきただけの学生と、30年以上数学の世界に住み続けている自分との距離感を感じた。

　学生は、私から見ればシャバの人間であり、彼ら学生から見れば数学者というのは異星人のようなものだろう。彼らが、この数学という奇妙な学問に明確な動機を持って打ち込む気になってもらうにはどうすればいいだろう？　数学は、それと引き換えに多くのものを犠牲にして自分の人生を賭けてきたという意味で、私にとっては後に引けない領域である。自分が日々そこで生きている土地である。しかし、その価値を実感としてこれらの学生に伝える方法があるのだろうか？　それが、私の感じた疑問であった。

　こういう疑問は、「そもそも数学は…」という、ふんづまりになるような、"そもそも論"へと自然に接続されてしまう。それはそれで大変面白いが、別項に譲ることにして、ここはチェンジアップでかわすことにする。

　今日、数学のような純粋科学がどのように世の中で役に立つのかが問われている。確かに、自然科学の発展の中で数学は絶

大な威力を発揮し、さまざまな現象の解明を果たしてきた。しかし、そのこと、すなわち有用性の中に数学の真の値打ちがあるわけではない。言ってみれば、役に立つ数学というのは大衆文学であり、巨大な真理の体系の深さは、大衆文学の側面からはよく見えない。音楽において、モーツァルトが「レクイエム」や「ドン・ジョバンニ」や「ピアノ協奏曲第 23 番」の作曲者であることを認識せずに、たんに「きらきらぼし変奏曲」の作曲者と思うのが間違いであるように、数学の価値をその有用部分だけで見るのは大きな誤謬である。

数学のセミナーの意義というのは、自分の頭と手を実際に働かせることによって、多くの数学者の工夫によって作られた数学の世界の資産価値、文化の奥行きを自ら汗して実感することである。額に汗して数学することが、数学の存在証明なのである。古代アレクサンドリアの数学者ユークリッドは、仕えていた王プトレマイオスから、もうちょっと幾何学 (＝数学) は易しくならないのか？　と注文されたとき

「幾何学に王道なし」

数学には王も乞食もありません。だれでも、自ら額に汗して学ぶ以外これを自分のものとする方法はありません，と答えたとか。

脱線して、額に汗することの価値について。

2005 年 7 月 NHK がリアルタイムで放送した「ユネスコ歴史遺産イタリア縦断 1200 キロ」を私は見ていた。初日は、中世末期からルネサンス期にかけて、イタリアの四大港湾都市国家 (ヴェネチア、ジェノヴァ、ピサ、アマルフィ) の一つとして栄え、そしてもっとも早く滅んだ町アマルフィが紹介されていた。製紙の技術と印刷術は先進国アラビアから西洋に伝えられたことは昔学んだが、このアマルフィの商人がアラビアとの交易を通

じて、はじめて西欧世界に伝えたのだそうだ。当時の製法による手漉き紙を復活させる話になり、アマルフィ郊外で10年の試行錯誤の末に水力を利用する製紙技術の復活に成功した人の苦労が、その人の家族によって語られていた。昔の技法によってつくられた紙の独特の風合いが、ある現代詩人の目にとまって、その人の詩集の出版に使われ、以後人気が高まって、その紙が今ではこの町の特産の一つとなっているということだ。

　日本にも伝統的な和紙がある。紙幣とお習字の半紙くらいしか、大量用途を思いつかないが、美しい和紙の伝統は継承されるのだろうか。院生時代、私はガンピ(雁皮)という和紙に大変世話になった。そのころ、竹ひごのフレームに薄紙を張り、糸ゴムの動力で木製のプロペラを回して飛ぶ模型飛行機に耽溺していた。軽くてしかも強靭な機体と、高空に舞い上がって滞空する性能を追求して、自分なりにさまざまな工夫もした。翼部に張る薄紙には、本郷赤門前の和紙問屋で見つけた雁皮紙が、その薄さ、滑らかさ、強さで理想の材料だった。

　脱線したが、イタリア縦断1200キロにもどる。

　第2回では、ローマの古美術修復の専門学校で美術の修復技術を学ぶ若い人が増えていることが紹介されていた。イタリアでは、さまざまな伝統技術や、文化遺産保存に関わる専門技術によって生きてゆくというスタイルが、若者の選択肢として人気もあり、またそのような仕事の意義が認知もされ需要もある。そこにデザイン立国のこの国の底力の背景があると思った。

　日本では今や、起業＝IT関連のベンチャービジネスといった風潮で、職人あるいは伝統技術という言葉が一部の特殊な職業以外死語になりかけている。若い人たちは、今自分のライフスタイルを描くことに大きな困難を感じているように見える。就職しない若者たちのことが話題になっているが、それは、若い人の

考え方に問題があるからなのであろうか？　彼らが、地道な努力を嫌う傾向があるのは確かな現象のように見える。また、それは憂うべき傾向であるのも事実だ。しかし、彼らがそのような対人生の態度や習慣を持っていることには、彼ら自身の責任にはできない、より広範な理由があるように思う。そのことは、職人的伝統技術が社会的に評価されず、大量生産効率化、日本全国コンビニエンスストア化の中で、手仕事で作られた製品の需要もなくなっていることと一面連動しているのではないだろうか。

　数学の世界ではどうか？　日本人数学者が書いた手堅い数学書の幾つかを私は今でも手放さずに使っている。たとえば、井草準一著『Theta functions』、藤原松三郎著『常微分方程式』、竹内端三著『函数論』などである。これらの著作には、そのスタイルと内容双方において、私の学生時代、つまり1970年代およびそれ以前には自分の周囲にしばしば見かけた職人的数学者の面目が現れている。そこでは、ある限られた対象が深く掘り下げて考察され、具体的な計算の積み重ねが、特殊に見えた現象の普遍的な意味を浮かび上がらせている。それは、日本人が伝統的に目指していた"個に徹して普遍に至る"という生き様にもつながっている。

　工芸の世界では職人と芸術家が混在する。英語で言えば芸術家はartistで職人はartisanであるが、これは芸術の先進国イタリアの言葉artistaとartigianoから来ている。なにか響きではartistが高踏的でartisanは汗とほこりにまみれているような気になる。たとえば、清水焼の茶碗つくりの職人は伝統の柄を一筆でさっと描き、幾つも幾つも同じ意匠で作り続ける。一方、芸術家の清水焼作家は自分の名前をつけてデパートの作品展に出品する。

　しかし、自分を前面に出した芸術家の器が必ずしも職人が作っ

た底光りのする伝統作品より好ましいとは限らない。むしろ、無名性に徹した唐子模様のありきたりの茶碗のほうが日々の生活にはよくなじむ。

　数学の世界では、職人的数学者は淡々と事実を述べてゆき、その事実の意味や意義を声高に語ることはなく、数学に"哲学"を持ち込むことを嫌う。数学史の中で言えばオイラーが職人的数学者の典型であろう。このようなタイプの数学者の対立概念は、思想家的数学者と言うことになるだろう。たとえばリーマンなどが、そのような数学者と考えられる。リーマンがどのように思想的数学者であったかは、項を改めて書くことにしたい。

　最後に、"個に徹して普遍に至る"という言葉にどうしても再びこだわっておきたい。これは、さらに切り詰めて言えば「個即普遍」となる。それは、日本文化のエッセンスを一言で表す言葉である。円山応挙の傑作「藤花図」を例に挙げよう。ここには初夏の藤棚の藤が描かれている。それ以外は何も描かれていない。しかし、藤の花と曲がりくねった幹を徹底的に描くことでその周囲のありさま、季節感をすべて表している。ここには、明るい午後の日差しがあり、かずらが絡まり苔のついた藤の幹を照らしている。藤棚に続く庭園があり、敷石の間を流れる小さな水の流れがあり、その流れがせせらいで落ちている大きな池が画面の奥に隠されている。甘くけだるいような藤の花の香りが漂い、5月の緩やかな風に乗って香りが流れて行き、藤の先端の小枝がたわんで空中にたゆたっている。重たげな藤の花房も心持ち風になびいている。さらに言えば、静かな時間の中で大きな蜂が飛び、若い女性のとりとめないささめごとなどがビオラのように低く聞こえている。ここには、初夏の風情すべてが描かれているのである。藤の一株という個を描き切ることで"初夏"という普遍を、こまごまとした実景を描く以上に的確に切り取っ

職人芸と数学　　47

図1　丸山応挙「藤花図」(上：全図、下：部分)(根津美術館)

て見せたのである。われわれが注意してみれば、応挙に限らず、また絵画にも限らず、日本の文化はいつもこのような仕組みでつくられていることにさまざまな場面で気づくはずである。

特異点

1 特異という言葉

　日常われわれは"特異"という言葉を時折目にする。数学でも特異点という術語をしばしば用いる。使いたてのワープロソフトで"とくいてん"を漢字変換すると、コンピューターは自信満々で迷わず"得意店"と変換してくる。そんな場合に、私は自分が世間で暮らしていることを実感する。

　特異な話に戻ろう。たとえば、特異体質、特異な風貌、特異な才能とかさらには 11 月 3 は例外的に毎年好天なので、気象の特異日とよばれたりするようだ。"特異な風貌の人物"などと言われたらどのような顔を想像できるだろうか。すぐに浮かぶのは、猿面冠者といわれた豊臣秀吉、葛飾北斎、西洋ではソクラテスやマルクスであろうか。たまたま偉人がそろったが、読者と共通の人物を考えると勢い有名人になるのでやむを得ない。身辺にも、一度見たら忘れられないという、特異な風貌の人物はいるはずだ。

　特異な才能というと、計算少年とか、囲碁将棋の少年棋士、若くしてソロを弾く音楽家などが思い浮かぶが、これらの場合は一芸に秀でているというニュアンスで使われる。

　これらの用法から"特異な"というのは、普通でない、通例か

らは推し量れない、例外的な、という意味が浮かび上がってくる。

2　数学に現れる特異点

数学においても特異という用語はさまざまな状況で登場する。それらは、写像の特異点、関数の特異点、多様体の特異点、微分方程式の特異点などである。

関数の特異点

関数 $f(x) = \dfrac{1}{x}$ に対して $x = 0$ では関数値は定義されない。このような点を関数 $f(x)$ の特異点という。また $g(x) = e^{1/x}$ における $x = 0$ はより厳しい特異点である。このように、関数の値自身を通常の感覚で定義できない点を関数の特異点という。

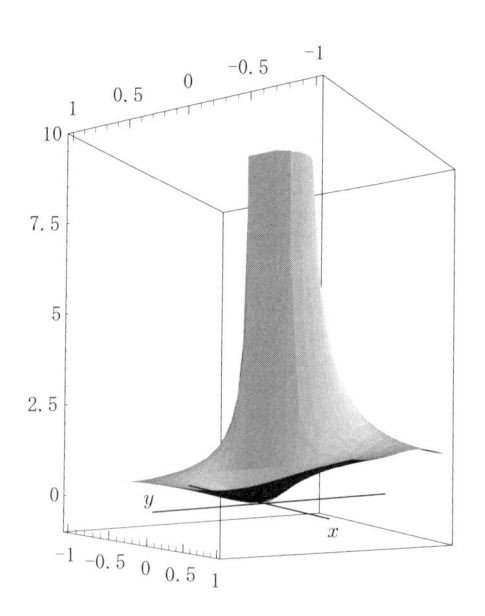

図1　$|e^{1/(x+iy)}|$ の原点付近の挙動

代数曲線の特異点

曲線 $C_1 : y^2 - x^3 = 0$ は図2のように原点で尖っている。また $C_2 : y^2 - x^3 + x^2 = 0$ は図3のように原点で自己交叉する。

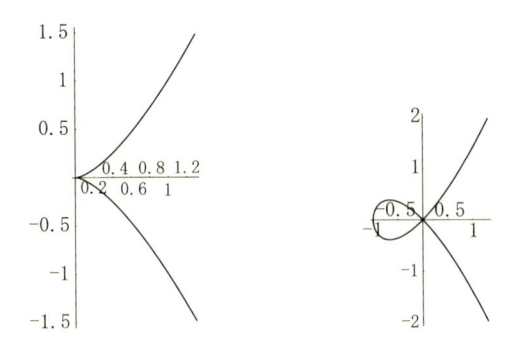

図2 $y^2 = x^3$ の特異点　　図3 $y^2 = x^3 + x^2$ の特異点

これらの場合の原点 $(a, b) = (0, 0)$ では定義方程式 $f(x, y) = 0$ に対して $f_x(a, b) = f_y(a, b) = 0$ となる。このような点を曲線 $f(x, y) = 0$ の特異点という。

数学における特異点の概念も"例外的な"現象を指摘するものであるが、単に"普通ではない"という以上の積極的な意味を持ってくる。曲線の特異点の場合を例にとって考える。

x, y を変数とする多項式 $f(x, y)$ で定義される図形 $f(x, y) = 0$ において変数の範囲を複素数、図形全体を (複素 2 次元のユークリッド空間 $\boldsymbol{C}^2$ に無限遠直線を加えてコンパクト化した) 複素射影空間 $\boldsymbol{P}^2$ で考えることにする。この曲線が特異点を持たなければ 幾つかの穴のあいた多重トーラス状となる。穴の数 g は $f(x, y)$ の次数 d で定まり、

$$g = \frac{1}{2}(d-1)(d-2)$$

である。(この公式は、代数曲線論におけるフルヴィッツの定理から導かれる。[uk] または [gr] 参照) g はこの代数曲線の種数とよばれる。$g = 0$ はその図形が球面状になることを意味する。たとえば一次曲線、2 次曲線では穴は現れず、3 次曲線で $g = 1$ すなわちトーラスが現れ、4 次曲線なら 3 重のトーラスになる。等々である。特異点を持つ場合、この穴は特異点に吸収されてゆく。パラメータ t を持った

$$y^2 = x^3 - t$$

を描いてみる。t が或る程度大きいと普通のドーナツパンの形になっているが t を小さくしてゆくとドーナツの穴が小さくなってゆき、$t = 0$ のときには、その穴はあんぱんのへそのようになって穴の痕跡を残すだけとなる (図 4, 5, 6 参照)。

"あんぱんのへそ"と図 2 が同じかという疑問が湧くかも知れない。前者は実変数の世界で見ているが、ここでは複素数の世界で見ているので見え方が違うのである。たとえばあんパンを包丁で中央を通るように真っ二つに切って断面を見ると、図 7 となり図 2 の図形が現れているのである。

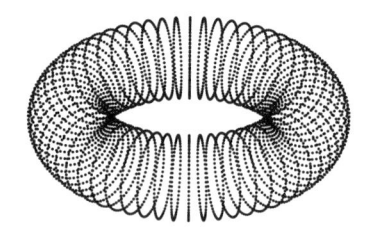

図 4　曲線 $y^2 = x^3 - 1$ の概念模型

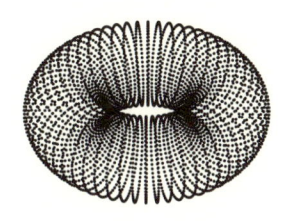

図5　曲線 $y^2 = x^3 - \dfrac{1}{3}$ の概念模型

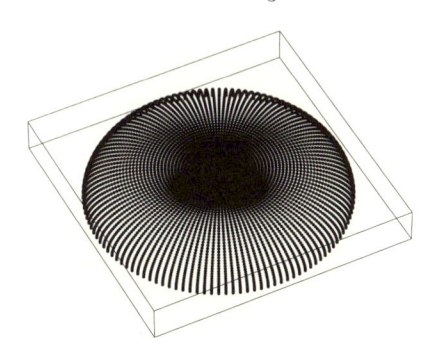

図6　曲線 $y^2 = x^3$ の概念模型

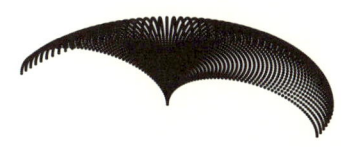

図7　曲線 $y^2 = x^3$ の半切り

さて、このことから特異点 $y^2 - x^3$ はトーラスの穴一つを吸収したなれの果て、と見ることができ、さらに $y^3 - x^4 = 0$ は

特異点　53

4次曲線であるから同様にして穴3つを吸収したものとなる。一般に代数曲線 $f(x,y)=0$ の特異点を観察すると、穴をいくつ吸収しているかが計算できる。その計算方法はここでは簡単に述べられないので省略するが、式 $f(x,y)$ から定まる。特異点から見て消えた穴の数を与える計算式を特異点の指数とよぶ。

結局、特異点から考えれば、そこには多くのトーラスの穴が吸い込まれていて、特異点の定義式に低次の項を加えてゆすってやると、詰まっていた穴がどんどん現れることが読み取れる。つまり、特異点とは単なる例外的な点ではなく、普通の状態が煮詰まってそのエッセンスだけが凝縮したもの、一般現象の多くのことを説明する鍵 (上の場合では代数曲線の特異点の指数) を納めたキーボックスのような存在なのである。このような観点に立つと、"通常の" 現象はすべて特異点を眺めれば説明されてしまうのである。

3 リーマンと特異点

リーマンは19世紀半ばに活躍し、近代数学の展開を促した偉大な数学者である。彼の数学は

"特異点が一般現象を支配している"

という思想でつくられている。以下その点に少し触れてみる。

リーマンのゼータ函数

$\zeta(s) = \sum_{n=1}^{\infty} \frac{1}{n^s}$ は $\mathrm{Re}\, s > 1$ を満たす複素数 s に対して収束しその範囲での正則関数となるが、実は、複素 s 平面全体に (有理型関数として) 拡張定義され $s=1$ を除き正則となる。これがリーマンのゼータ函数である。リーマンは、この函数

の零点は自明なものを除きすべて $\mathrm{Re}\,(s) = \frac{1}{2}$ 上にあることを予想し、さらにその零点の分布密度の予測を与えた (これが有名な「リーマン予想」である)。

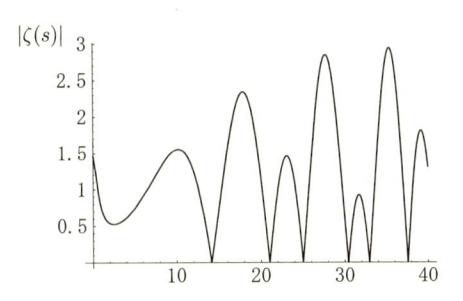

図 8 $s = 0.5 + \sqrt{-1}t$ としたときの $|\zeta(s)|$ の t の関数としての振る舞い ($t = 14.135\cdots$ 等で 0 になっている)

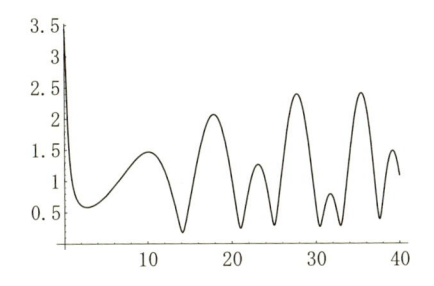

図 9 $s = 0.75 + \sqrt{-1}t$ にずれたときの振る舞い (0 になる点がなくなっている)

これは、素数の自然数全体における分布密度を与える考察になっている。このような推論の背景には、"正則関数の零点分布はその関数の増大度を定量的に決定する" という一般原理がある。関数の零点はその逆数関数の特異点であるから、このことは、特異点 (ここでは有理型関数の極であるが) の分布

特異点　55

から (有理型) 関数の大域的な挙動が精密に定まっているという主張につながる。

このようすを簡単な例で見る。2 次関数 $x^2 - a$ よりも 3 次関数 $x^3 - a$ の方が $x \to \infty$ としたとき速く増大する。それは 2 次関数は 2 根しか持たないが、3 次関数は 3 根を有するということと結びつけて考え得るということである。

こうして、$1/\zeta(s)$ という特別な函数の特異点の考察と、素数分布密度とがリーマンによって結びつけて考えられた。

リーマンのゼータ函数 $\zeta(s)$ は、"リーマン予想" (クレイ研究所のホームページ http://www.claymath.org/ 参照。awards -¿ milennium problems と進めば良い) という現時点でもっとも注目されている数学の未解決問題を今なお提起し続けている。さらに "ゼータ函数" は代数体や代数多様体などに対しても類似的に定義され、種々の対象における数論的研究で本質的重要性を担っている。

リーマン面のモジュライ

特異点の考察から、種数 g のリーマン面の同型類全体が (複素) $3g - 3$ 次元の空間 (モジュライ空間) 上にパラメトライズされることが以下のように推論できる。種数 g のリーマン面は (リーマン・ロッホの定理 ([uk] 参照) から) リーマン球面 $\boldsymbol{P}^1$ 上の $g + 1$ 葉の分岐被覆として実現され、そのときの $\boldsymbol{P}^1$ への射影関数は 1 点で $g + 1$ 位の極を持つものとできる。被覆の葉数 $g + 1$ と分岐点 $P_1, \cdots, P_k$ 各々の寄与 (分岐指数とよばれる) v_i $(i = 1, \cdots, k)$ と種数 g との間にはフルヴィッツの公式 ([uk] 参照)

$$2g - 2 = (g+1)(-2) + \sum_{i=1}^{k} v_i + v_\infty$$

(v_i は有限部分にある分岐点の分岐指数、v_∞ は無限遠点での分岐指数を表す)
が成り立ち、上の考察によって $v_\infty = (g+1) - 1 = g$ であるから $\sum_i v_i = 3g$ すなわち分岐点の個数 k は一般に $3g$ 個であることが分かる。この $3g$ 個の分岐点によってリーマン面は（少なくとも局所的には）決定されている。

一方 $\boldsymbol{P}^1$ の自己同型群は一般に、複素一次分数変換

$$w = \frac{az+b}{cz+d}, \qquad a,b,c,d \in \boldsymbol{C}, ad-bc = 1,$$

で与えられ a, b, c, d のうちの 3 個は自由な係数となるので、$3g$ 個のうちの 3 個はこの自己同型によって相殺される。結局 $3g - 3$ 個の自由なパラメータが残る。こうしてリーマンは種数 g のリーマン面の同型類が $3g - 3$ 次元の自由度をもって変化できることを発見した。この考察ではリーマン面は被覆の特異点である分岐点によって決定されるという考えが鍵になっている。

リーマン面は 1 次元複素多様体と同義であり、さまざまな複素構造を持つ数学的対象の祖型である。複素構造の変形をとらえる空間は一般にモジュライ空間とよばれ、数論および数理物理学とも関連して今日盛んに研究されている。

リーマンの P 函数

ガウスの超幾何微分方程式

$$E(a,b,c) : x(1-x)y'' + (c - (a+b+1)x)y' - aby = 0 \quad (1)$$

は $x = 0, 1, \infty$ に特異点を持つ 2 階フックス型の微分方程式であるが、これは各特異点での解の特異性を与える特性指数 (局所モノドロミー) によって一意に決定される。このように局所的な特異性の状況だけで大域的な挙動がすべて決定される (確定特異点型常) 微分方程式は他にはない ([fj] または [hro] 参照)。そのことがガウスの超幾何微分方程式の素性の良さを際だたせているが、このことをとらえた場合 (1) の解となる関数をリーマンの P 函数とよんでいる。実際 (1) に関しては、さまざまな深い研究がなされているが、それらの基礎として上記のリーマンの発見がある。

ガウス、リーマンに発する超幾何函数は、今日では広大な一般超幾何函数の理論として拡大展開し、あらたな特殊関数論の領域を形成している。

アーベル積分論

リーマンの数学の主要部の一つとなるのは、長編のアーベル積分論である。ここで彼は (コンパクトな) 抽象リーマン面上でアーベル積分を構成し、それまで闇の中にあった "代数関数の積分" がどのような一般原理によって、統制されるのかを明らかにした。その基礎になるのがホモロジー基底と双対をなすアーベル微分 (すなわち、種数 g の場合、ホモロジー基底 $\gamma_1, \cdots, \gamma_g, \gamma_{g+1}, \cdots, \gamma_{2g}$ に対し $\int_{\gamma_i} \omega_j = \delta_{ij}$ $(i, j = 1, \cdots, g)$ となる正則微分 ω_j) の存在である。このようなアーベル微分を、電磁気学的な発想に基づいてリーマン面上の 2 点で双対的な対数極をもつ有理型微分 (第 3 種微分という) から構成してみせた。これが、1 変数代数関数論すなわちアーベル積分論を貫く基本定理である。

アーベル積分論は現代の高次元代数幾何学の出発点であったが、今日ミレニアム問題のひとつホッジ予想と深く関わっている。

　リーマンは以上のような特異点に源泉をもつ種々の考察を行い、数論、リーマン面のモジュライの理論、フックス型微分方程式論、アーベル積分論、すなわち19世紀後半の数学の中心主題のすべてに大きな進展をもたらし、それらの成果は、さらに現代数学のもっとも興味深い問題の数々と直結している。いささか専門的な話になったが、"特異点"という概念を梃子に数学では、どのように深い世界に切り込んで行くのかを、雰囲気的に説明したかったので、その実際の場面を若干描写した。

4　現実の世界での特異性の意味

日常の世界とリーマン的視点

　では、現実の世界においては、"特異な存在"はどのように受け止められているだろうか？　ここでは、"特異な人物"に対象をしぼって考えてみたい。さまざまな国もしくは文化圏を思い浮かべてみると、そこでもリーマン的な見方が有効ではないか、すなわち特異な人物の存在がその文化圏の質を決定している、と思われる。

　たとえばスイスは立派な国で人々は幸せに暮らしているように見えるが、文化的なインパクトではあまり強い物を有していない。たとえば"スイス文学"とか"スイス音楽"というキャラクターの確定した国民芸術のジャンルを持っていない。同時に、この国は数学者オイラーを輩出してはいるが、特異な人物ということでは目立った名前が思い当たらない。スイスは通常的人

物の国として立派なのである。

同じ小国でもオランダおよびフランドルでは特異な人物の名がさまざまなジャンルで上がってくる。たとえば、ゴッホ、エラスムス、レンブラント、ホイヘンスなどを例示することができる。サッカーのファン・ニステルローイなどもオランダだ。日本はどうであろうか？　以下で考察する。

伝記文学

日本には自分の身辺を事細かに書くという"自伝文学"の伝統がある。それは、王朝時代に土佐日記や更級日記などの日記文学で自分の周囲のできごとを書き綴って以来継承されているものなのであろう。中国に於いても西洋に於いても、あるいは他のいかなる文化圏に於いても、自伝的要素を持つ作品は存在しても、"自伝文学"ないし"日記文学"という一つのジャンルを持つ国はない。日記も自伝も、自分の手近にある日常的対象をこまめに書き記すということである。このように考えると、日本は日常性の国であり、通常性の国だと痛感する。

日本の焼き物は焼き上げ温度の低い陶器であり、中国で作られる白磁のような焼き上げ温度の高い磁器は、中国から製法が伝わるまで自前では作られなかった。茶席の茶碗も楽茶碗のような陶器が好まれる。ここから、"自然体"に傾斜する日本の文化のありかたが浮かび上がる。

つまり、日常性を高い焼き上げ温度で結晶質の文学に変容させる伝統を日本は持たなかった。何気ない日常性を書き連ねた焼き上げ温度の低い、自伝文学の風土に甘んじたのである。日本において、確定した虚構の世界を築いた文学者としては、無知な私は、『新古今集』の歌人藤原定家、『雨月物語』の上田秋成、『豊穣の海』の三島由紀夫しか知らない。

しかし、陶器にも織部焼きのように美しい作品があるように、日本の伝記文学にも含蓄の深い傑作はある。その一例として森鴎外の『渋江抽斎』を挙げたい。ここでは、江戸時代の御典医であった人物の軌跡を忠実に記述しながら、作者鴎外の人生観や理想の生き方を、声高く語ることなく、具体的な事実を示してゆくことで暗示する希有の手法が展開されている。しかし、描かれる対象は特異な人物ではない。

アウトサイダー

　われわれ日本人は、人物をみるときに正常と異常(まともか、まともでないか)という分類では見るが、特異と通常という分け方で見ることはない、まして特異なものを通常なものより価値ある存在と考える風習はない。

　正常でなければ異常なのである。日本に於いては特異な人物はほとんど市井の人物であり、アウトサイダーである。これらの人物を体制側が包容し国家が支える文化的枠組みに組み入れることはほとんどなかった。権力に依って公認された芸術は狩野派の絵画であり、表千家の茶の湯であり、哲学は新井白石の儒学であったように、硬直した様相を呈していた。例外は河原芸人の芸能であった能楽を取り込んだ室町幕府の例だけである。新様式を打ち出す芸術家はつねに異端の存在としてのアウトサイダーからもたらされるという日本独特の傾向が、科学を含むどの文化領域にも見られる。この傾向は現代の日本の社会にも持ち越されている。

　日本においては、質の高い文化は形成されるが、それは国家から正当に評価されることなく、市井あるいは学界に埋もれた存在となる。その事績はアウトサイダーである具眼の人々に受け継がれて伝えられる。こうして文化は私事の範疇、趣味の領

域に入ってしまう。

　西洋の文化圏では必ずしもそうではない。時代の様式からははずれていても、価値の高い作品が出れば、自分の鑑識眼でそれを受け入れる包容力を持った権力者によって、西洋の文化は大きな展開の力を得ていたのである。

　21歳の画家パルミジャニーノは、破格の様式で描いた凸面鏡に映った自画像をローマ教皇庁に持ち込んだ。時の教皇メディチ家出身のクレメンスVII世は、その価値をすぐに認めてこれをその場で買い取り、この画家のパトロンとなった。これがマニエリスムという16世紀芸術を支配する様式の出発点であった。

　ワーグナーは大作『ニーベルングの指環』を長い放浪の年月をかけて作曲していたが、パトロンとなったババリア王は、この上演されたことのない新様式の楽劇のために、国家財政を傾けてまで劇場を用意し、さまよえる作曲家に資金援助をし名作を形あるものとした。

　等々を例示することができる。

　また中国に於いても鶏鳴狗盗のように諸芸に秀でた人物を権力者が重用するという風潮が存在した。杜甫も李白も宮廷の職業詩人、いわば桂冠詩人であった。日本にこのような立場の詩人はいなかった。

5　ユルスナール『ハドリアヌス帝の回想』と特異性

　日常の世界においても、特異な現象あるいは特異な人物というのは、単に"変な"存在というだけではなく、往々にして、その存在には深い理由、あるいは、背景には普遍的な事実があるのではないだろうか。

　日本には私小説の伝統というものがあって、作者の分身のよ

うな主人公の細々とした日常を書き連ねる文学作品がたくさんある。その日常性が風変わりであることによって独自性を有するのかも知れないが、所詮局在化された小さな世界を描いているわけで、普遍性の欠如したそういう作品に私は興味を持たない。それらは、教科書の練習問題において係数を変えるように、道具立てを変えれば同様の作品が作れる自明な世界に見える。

　私小説というのは伝記文学の一種とも思えるが、シュテファン・ツヴァイクという伝記作家は特異な人物の伝記を細かに書いてその時代を浮かび上がらせる。そのなかでもフランス革命期を異様な才能を発揮して乗り切った『ジョセフ・フーシェ』は私には特に印象深かった。しかし、私にとって伝記的文学の最高傑作と思えるのはマルグリット・ユルスナールの『ハドリアヌス帝の回想』と、鎌倉期に後深草上皇の愛人であった久我雅忠の娘あかこによって書かれた自伝文学『とはずがたり』である。この2作品は、私において伝記的作品群における特異点である。

　ハドリアヌス帝 (76-138、在位 117-138) は特異な性格を持った古代ローマの賢帝で、広大な帝国内を視察して巡りローマ帝国初期の安定支配の機構を確立し、イギリスでは版図の限界である北部イングランドに"ハドリアヌス帝の長城"を築き、一方首都では現在ローマの観光名所になっているパンテオンを創案し、その複雑な構造の石組みの巨大ドームの設計にも、みずからたずさわった人物である。

　ユルスナールの作品では、皇帝のギリシャ的な少年愛の話が縦糸になりながら、その日常を語ることによって広壮なローマの審美観と、非キリスト教的でストア派を思わせる死生観とが浮かび上がってくる。たとえば皇帝最愛の美少年アンティノウスとハドリアヌスとの邂逅の場面は次のように描かれている。

オスロエスとの会見に続く夏を小アジア地方で過ごし、国有林伐採を親しく監督するためにビティニアに足を止めた。明るい教化のゆきわたった健全な町ニコメディアでは、この地方の代官クネニウス・ポンペイウス・プロクルスの屋敷に滞在した。その屋敷はその昔のニコメディアの王の宮殿であって、若き日のユリウス・カエサルの逸楽の思い出に満ちていた。プロポントスからの微風が涼しい陰深い広間に吹き込んでいた。趣味人のプロクルスは私のために文学的な集いを催してくれた。諸国遊歴のソフィストや学生や文学愛好者の小グループが、屋敷の庭園の、牧羊神（パン）に捧げられた泉のほとりに集まった。ときおり、召使いが多孔質の粘土の大瓶をその泉に沈めては水を汲んだ。もっとも明澄な詩句もその清らかな水にくらべれば濁って見えた。

　その夕べ、その詩句の音や引喩や心象の突飛な羅列、反映や反響の複雑な組み合わせのゆえにわたしが好むリコフロンのかなり難解な詩が朗読された。少し離れた場所にすわっていた少年が、このむずかしい詩行に、放心したような、同時に物思わしげな注意を向けて、じっと聞き入っていた。そのときわたしはすぐに、森の奥でなにかわからぬ鳥の叫びにぼんやり耳を傾けている羊飼いを連想した。

　(マルグリット・ユルスナール『ハドリアヌス帝の回想』p.161)

　今日、われわれがローマの町を訪ねて巨大な石積みの遺跡を見ても、この町に漂っていた美意識や時代精神は、容易には感じることができない。作者ユルスナールは、ハドリアヌスという一

人の人物の周辺を豊富な古代知識を駆使して描くことで、ローマ的なものをわれわれの眼前に再現してみせてくれるのである。つまり、際だって特異な人物を描写することによって、その人物の中に凝縮されていた普遍的な世界が彷彿として浮かび上がるのである。

　このようにして、一般社会における"特異なもの"は往々にして、その時代、その社会の最良の部分を具現することがあると思われる。

評価

1 評価とは

　いまや大学を取り巻く状況は評価の嵐である。一般には、"一定範囲の対象に広く適用しうる自動的基準にしたがって物事の価値を数値化する"ことを"評価"と言っているようだ。大学における研究活動と教育活動もこのような意味で評価対象となっているのである。その一環として、数学の研究者ないし研究プロジェクトの研究内容の善し悪しを評価することが、今日行われている。私が強く感じ、また多くの数学者もそう主張しているのだが、"一定範囲の対象に広く適用される自動的基準"というのが数学という学問分野には適さない。

　数学における研究の価値というのは簡単には判断がつかない。論文が、一定程度の専門の研究雑誌に掲載される場合には、レフェリーは数ヶ月かけて投稿論文を読み、その価値が一応検討されるから、その誌名を以って或る程度の水準に達しているという判断をするのだが、レフェリーは投稿論文の著者ほどにはその対象に知悉してしておらず、しばしばその値打ちに気づかないことがある。また、数年後あるいは十数年後ときには100年後に論文の価値が見いだされることもある。数学においてはオリジナリティーに研究の大きな価値があるが、真にオリジナ

なものは、それが最初に現れたとき極く目立たない姿をしていることも多いのである。

つまり、数学という学問分野においては、今日行われているような自動的な価値判断装置では、研究の価値を正しく見積もるのが難しいと思われる。

2 数学の手法としての"評価"

以上は、日常的な意味における"評価"という言葉で、数学を評価することの困難さを述べたが、このような日常的な意味とは別に、数学用語としての「評価」という概念がある。それは、解析の分野での重要な手段を提供する。「解析、代数、幾何そして算術」の項で解析を少し軽く書きすぎていたので、ここで解析の弁護をしたい。

解析的手段はある限定された場面では、他の一般的なアプローチでは届かないような深い結論をもたらす。このようなことから、多くの難問や大問題に対しての最初の突破口が、解析的手段によってもたらされることが非常に多い。そのような先駆性に解析の醍醐味がある、と私は思っている。

数学において「評価」という言葉は、"上限または下限の有用な見積もり"という意味で用いられる。受験数学の用語で現れる"はさみうちの原理"はこの「評価」の手法の一種であるが、この見積もり操作は、解析学の根幹をなしているとも考えられる。とりあえず、数学における評価の実例を一つ見てみることにしよう。

実例 1：評価によって収束を導く

正数 s に対して、無限級数 $\sum_{n=1}^{\infty} \dfrac{1}{n^s}$ は収束する。このようにして定まる s を変数とする関数 $\zeta(s)$ がリーマンのゼータ函数である。

その収束は以下のような議論を通じて証明される。

関数 $y = \dfrac{1}{x^s}$, $(x \geq 1)$ のグラフと階段状関数 $f(x) = 1/[x]^s (x \geq 1)$ および $g(x) = 1/[x+1]^s (x \geq 1)$ (ここで $[x]$ はガウス記号で x を越えない最大の整数を表す) のグラフを比べてみる。

グラフで見られるように任意の自然数 N に対して

$$1 + \int_1^N \frac{1}{x^s} dx > 1 + \int_1^N \frac{1}{[x+1]^s} dx$$
$$\left(= \frac{1}{1^s} + \frac{1}{2^s} + \cdots + \frac{1}{N^s} \right.$$
$$\left. = \sum_{n=1}^N \frac{1}{n^s} \right) = \int_1^{N+1} \frac{1}{[x]^s} dx > \int_1^{N+1} \frac{1}{x^s} dx \quad (s \geq 1)$$

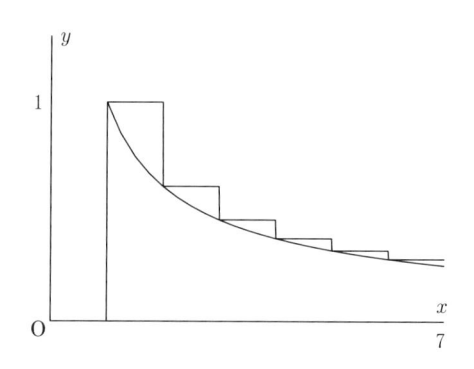

図 1 $y = 1/x^s$ と $y = 1/[x]^s$ の比較

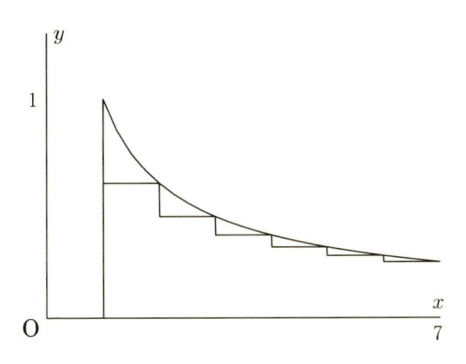

図 2 　$y = 1/x^s$ と $y = 1/[x+1]^s$ の比較

が成り立ち、二つの不等式

$$\sum_{n=1}^{N} \frac{1}{n^s} > \int_{1}^{N+1} \frac{1}{x^s} dx \quad (s \geq 1)$$

$$1 + \int_{1}^{N} \frac{1}{x^s} dx > \sum_{n=1}^{N} \frac{1}{n^s} \quad (s \geq 1)$$

を得る。

$$\int_{1}^{N} \frac{1}{x^s} dx = \begin{cases} \dfrac{1}{s-1}\left(1 - \dfrac{1}{N^{s-1}}\right) & (s > 1) \\ \log N & (s = 1) \end{cases}$$

であるから、$s = 1$ のとき関係

$$\sum_{n=1}^{N} \frac{1}{n^s} > \int_{1}^{N+1} \frac{1}{x^s} dx = \log(N+1)$$

を得るが $\lim_{N \to \infty} \log N = \infty$ なので $N \to \infty$ とした極限を考えれば $\sum_{n=1}^{\infty} \dfrac{1}{n^s}$ は $s = 1$ では発散する。一方 $s > 1$ では

$$1 + \frac{1}{s-1}\left(1 - \frac{1}{N^{s-1}}\right) = 1 + \int_{1}^{N} \frac{1}{x^s} dx > \sum_{n=1}^{N} \frac{1}{n^s}$$

評価　69

となり、左辺の $N \to \infty$ とした極限が $1 + \dfrac{1}{s-1} = \dfrac{s}{s-1}$ であることから $\displaystyle\sum_{n=1}^{\infty} \dfrac{1}{n^s}$ は収束することが導かれる。また $0 < s < 1$ では

$$\sum_{n=1}^{N} \frac{1}{n^s} > \sum_{n=1}^{N} \frac{1}{n}$$

だからこのときも発散する。

こうして、評価という手段でリーマンゼータ関数の級数表示 $\zeta(s) = \displaystyle\sum_{n=1}^{\infty} \dfrac{1}{n^s}$ が複素半平面 $\{s \in \boldsymbol{C} : \mathrm{Re}\,(s) > 1\}$ で絶対収束して意味を持ち、そこで正則な関数であることが導かれる。実は、さらに別の手段によって $\zeta(s)$ は $s = 1$ を除くすべての点で正則な関数に拡張定義されるがここでは論じない。

実例 2: 自然対数底 e の超越性

実数 (あるいは複素数) α が整数係数の代数方程式

$$a_0 x^n + a_1 x^{n-1} + \cdots + a_{n-1} x + a_n = 0 \quad (a_0 \neq 0, n \in \boldsymbol{N})$$

を満たしているとき、α は代数的数であるという。代数的数でない実数 (あるいは複素数) を超越数という。

一般に、ある与えられた数が超越数であることを示すのはかなりの困難を伴う。しかし、このような、一見ただの理屈をこねているように見える超越性の議論が、数論において本質的な重要性を持つことがある。

自然対数底 e は超越数であることがエルミートによって 19 世紀後半になって示された。このことは、代数的数 a に対して e^a はほとんどの場合超越数であることを導くが、さらに、$\dfrac{a}{2\pi i}$ が有理数のときにのみ例外的に代数的数になることが示される ([su]

参照)。つまり「e^x は (x が代数的数のみ動くとして) 複素平面上の円周等分点でのみ代数的」なのである。こうして、指数関数と円分体との深い関係が超越数の観点を通して炙り出される。

さて、e が超越数であることを示そう。そのためには e が整数係数 n 次方程式 $a_0 x^n + a_1 x^{n-1} + \cdots + a_{n-1} x + a_n = 0$ を満たすとして、矛盾を導けばよい。ここでは、$n=1$ の場合に矛盾を導くことにする。それは、e が無理数であることの証明になっているが、ここでの方法は容易に一般の n の場合にも拡張できる。

[準備作業] 一般に x の m 次多項式 $P(x)$ に対して積分

$$I(x) = \int_0^x e^{x-t} P(t) dt = e^x \int_0^x e^{-t} P(t) dt$$

を考える。まず、部分積分を用いて

$$I(x) = e^x \Big[\Big[P(t) \int e^{-t} dt \Big]_0^x - \int_0^x (P'(t) \int e^{-t} dt) dt \Big]$$
$$= (e^x P(0) - P(x)) + \int_0^x e^{x-t} P'(t) dt$$

となり、右辺第2項は $I(x)$ で P を P' に取り替えたものであるから、この部分積分をもう一度やると

$$= (e^x P(0) - P(x)) + (e^x P'(0) - P'(x)) + \int_0^x e^{x-t} P''(t) dt$$

となる。以下次々積分内関数の次数を下げてなくなるまで続けると結局

$$I(x) = e^x \sum_{k=0}^m P^{(k)}(0) - \sum_{k=0}^m P^{(k)}(x)$$

を得る。[準備完了]

互いに素な整数 a_0, a_1 に対して e が $a_0 e + a_1 = 0$ を満たすと仮定しておく ($a_0 > 0$)。p を大きな素数として補助関数 $P(x) = x^{p-1}(x-1)^p$ を用意する。これに対して上の $I(x)$ を

つくり $a_0 I(1) = A$ を 2 通りの見方で考察する。

[第 1 の考察] 上での準備と仮定から
$$A = a_0 I(1) = a_0 e \sum_{k=0}^{m} P^{(k)}(0) - a_0 \sum_{k=0}^{m} P^{(k)}(1)$$
$$= -a_1 \sum_{k=0}^{m} P^{(k)}(0) - a_0 \sum_{k=0}^{m} P^{(k)}(1)$$

となるが、ここで $P(x)$ の定義から $P'(x) = (p-1)x^{p-2}(x-1)^p + px^{p-1}(x-1)^{p-1}$ 等となり

$$P(1) = 0, P'(1) = 0, \cdots, P^{(p-1)}(1) = 0,$$
$$P^{(p)}(1) = p!(x^{p-1})_{|x=1} = p!, P^{(p+1)}(1) = p!(p-1), \cdots$$

が得られ、これらから $P^{(k)}(1)$ はすべて $p!$ の倍数となることが分かる。また

$$P(0) = 0, P'(0) = 0, \cdots, P^{(p-2)}(0) = 0,$$
$$P^{(p-1)}(0) = (p-1)!(x-1)^p_{|x=0} = -(p-1)!,$$
$$P^{(p)}(0) = -p(p-1)!, \cdots$$

であるから上記 $a_0 I(1)$ を展開した各項はただ一つ $P^{(p-1)}(0) = -(p-1)!$ を除きすべて $p!$ の倍数である。したがって $|A|$ は $(p-1)!$ で割り切れる整数となり、定義から $|A| > 0$ であるから

$$|A| \geq (p-1)! \qquad (1)$$

である。

[第 2 の考察] $a_0 I(1)$ を直接見てみると $0 \leq x \leq 1$ において

$$|P(x)| = |x^{p-1}(x-1)^p| < 1$$

であるから簡単に

$$|A| = |a_0 I(1)| \leq a_0 \int_0^1 e^{1-t}|P(t)|dt$$
$$\leq a_0 \int_0^1 e^{1-t}dt < a_0 \int_0^1 e\,dt = a_0 e$$

が得られる。この最後に得られた値は p には依存しない定数。一方 (1) は p とともにいくらでも大きくなる。この両者の評価は互いに矛盾する。よって $a_0 e + a_1 = 0$ という仮定は成立しえない。

q.e.d.

　数学における評価の手法は、不等式を用いて進める議論である。講義で教えて見ても、等式で順次議論が前に進む場合は学生も納得しやすいが、このような、評価によって進める推論は了解が難しいようである。評価を用いる課題を学生に出したとする。そこでは、自分のやろうと思っていること、たとえばある無限級数の収束の証明、が予め明確になっていて、そのために必要な不等式を設定する判断力が求められる。言い換えれば、単なる大小関係を導くのではなく、その場での価値観に基づく大小関係が必要なのである。それは、数学のセンスそのものを問われているとも言えるのである。

3　評価への原理的な疑問

　一般社会での"評価"とは、日常的意味での価値の量的表示という意味にもなるだろう。たとえば土地の"評価価格"などは分かり易い。

　そのとき暗黙の内に、価値判断の基になる"万人に共通の価値観"、"万人に見えるような価値基準"が設定されている。だが、数学の世界では、研究者の有能度ないしは有用度を、専門外の人間が見て分かるような簡便な尺度で測るのは困難である。

私は常々"数学者は悪人でなければ務まらない"と思って、それを同業者、特に若い数学者に言ってきたりしている。つまり、自分の中に数学を最重要視する価値観を立てるなら、それは、良き教師であったり、良き家庭人であったり、良き大学人であったりすることとは時として両立しないのである。また、それは或る場合には、すでに一世間となった大学での"良き評価"を受ける研究者であることとも相反するであろう。このように、研究者はいつでも自分の価値観と世間の良識との間の葛藤の中で生きている。

　たとえば芸術の領域で同様のことを考えると、古今の優れた芸術家には隣人としてはどうもつきあいたくないと思うようなキャラクターの人物が少なくない。彼らは普通の意味では決して良き市民であったわけではない。また、作品においても、必ずしも同時代人にすぐに歓迎されたり、評価されたわけでもない。しかし、"歴史の評価"を得てその真価が現れたのである。

4　悪人芸術家カラヴァッジョ

　本名ミケランジェロ・メリシ、ミラノ近郊のその出身地カラヴァッジョ村をとって通称カラヴァッジョとよばれる画家は"恐るべき"男であった。多くの作品を残していながらカラヴァッジョには一枚のデッサンも伝えられていない。彼はデッサンや習作なしに、いつもいきなりカンヴァスや壁に描いていたのである。また、彼の描く過激なまでにリアルな祭壇画は、しばしば注文主である教会から受け取りを拒否されている。彼は1600年、ローマのサン・ルイージ・デイ・フランチェージ教会 (ナボナ広場近くのフランス人地区にある、中世のフランス王聖ルイ IX 世の名を冠した教会) の側廊にある礼拝堂に「聖マタイの召命」をはじ

めとする一連の大作祭壇画を描いたが、それは絵画史の大きな転換点となる傑作であった。

カラヴァッジョの、後世の画家たちに対しての影響は圧倒的で、ここからバロック絵画がはじまり、さらに、絞り込まれた主題を画面の前面にせりだして表現する手法は、そのまま近代絵画へと続いているとも考えられている。今日、ローマの下町の一角にある飾り気のない外観を持つこの教会を訪れることは、見識有る絵画愛好家にとって聖地巡礼と等しい意味を持つに至っている。

一方、この天才画家は奇行で知られ、高価な衣装に剣を帯び、親衛隊もどきの若者と犬を連れてローマの夜の町を徘徊し、しばしば刃傷沙汰を引き起こしては当局から追われる身となっていた。その都度パトロンに庇護を仰いでいたが、1606年には遂に殺人を犯すに至っている。ユーロによる通貨統合前のイタリアの最高額紙幣はカラヴァッジョの肖像の50,000リラであった。殺人犯が最高額紙幣の肖像になる国というのもなかなか太っ腹だと思った。

結局私は、こう言いたかったのである。"評価"という言葉の裏には、知らず知らずに"万人共通の基準による"という形容詞が隠されている。しかし、万人の役に立つ芸術は結局誰の魂も捉えず、万病に効く薬というのは誰の病も直さない。たった一人の心酔者を持つ作品は、多くの場合世間からはまったく評価されない。

私には、一人一人の個人が自分の価値観、評価基準を有しているという考えが、われわれの社会には希薄であるように思われる。これは、国家が強制してそうなっているのではなく、国民性として、ごく自然にそういう風土を育んでいるのである。そのことが、お互いにうなづきあい、相手の同意を求めながら会話する風習になり、異なる意見を冷静に述べ合って議論すること

図 3　カラヴァッジョ『ロレートの聖母』1603 (Chiesa di S. Agostino, Roma) (対角線の構図の緊張感、巡礼の足の裏の描写がとりわけ凄い)

ができずに、同意でなければ、敵意か反感になって議論はすぐに感情的な言い合いに移行する傾向を生んでいる。この国にも、世間に対して思想の棹を差して生きる人が、もう少しいるとおもしろいのにと思う。

線形性

1　ヴェルサイユと修学院離宮

　西洋は線形なもの、直線的なものが好きらしい。

　一例として、17世紀の庭園家アンドレ・ルノートルによるヴェルサイユ宮殿の庭園を見てみよう。シャトーの背面二階にある有名な"鏡の大廊下"の大きな窓から庭園の全体を一望することができるが、視線は遙かに見えるアポロンの噴水へと向い、そこから始まる真っ直ぐな水路がさらに地平線まで延びている。

　その水路は、王の愛人を交えたさまざまな船遊びの甘美な記憶に彩られている。大運河に至るまでの広いスペースは、中央のプロムナードによって左右に大きく分けられ、各々に美しい背の高い植え込みで区切られたボスケ (Bosquet) とよばれる小庭園の数々が配置されている。それら隠れた小庭園は、逢い引きの待ち合わせ場所になったり、夕べの舞踊劇の舞台になったりしたもので、それぞれに趣向が凝らされている。たとえば、舞踏の間のボスケとよばれる小庭園は、踊る王ルイXIV世 (在位1643-1715) がかつてジャン・バチスト・リュリの音楽によってみずからダンスを披露したと伝えられ、今日でも円形の舞踏場を囲んでマダガスカルの貝殻で装飾した華麗な滝が流れ落ちている。

　そのような豊かな内部構造にも関わらず、この庭園の平面プ

図1　ヴェルサイユの庭園、鏡の廊下からの眺望

ランは極めて直線的である。直線的なものが幾重にも組み合わされて豊かな内容を包含しているのである。

　日本の庭園はそのようにはできていない。

　たとえば、修学院離宮は、回遊式の庭園を含み比叡山も借景にした大きな山荘構想を実現したもので、以下のような経緯でヴェルサイユの庭園とほぼ同時期につくられている。17世紀初頭、徳川幕府に権力を握られた後水尾天皇 (在位 1611-1629) は幕府との軋轢によって30歳で退位し上皇となる。幕府の政策に対抗して、京都朝廷の威信を守ろうとしたが果たせず、退位後は和歌、茶の湯、立花、管絃の趣味に励む。比叡山麓に山荘を営む構想をもち、立地の選定、建物の設計、庭木の配置まで自分で立案し1659年63歳のときに修学院離宮を完成する。離宮は総面積50万平米を越え、有名な桂離宮の十倍以上の面積である。昭和天皇以前最長命の上皇であったが、これもルイXIV世と似

線形性　79

図 2　ヴェルサイユ舞踏の間のボスケ

ている。完成後 31 回も行幸し、大きな浴龍池で船遊びを楽しんだと言われる。

　この離宮の平面プランはいかなる幾何学的意匠も意図されていない。起伏のある丘陵に、ばらばらの方向を向いたいくつかの離ればなれの家屋があたかも偶然のように配置され、それらが互いに細い松並木の明るい小道でつながれ、その道行きの景色にはごく自然に付近の森や田畑が望まれる。これほどまでに、人間の恣意を隠し通した庭園は空前絶後であろう。ここには人工物の象徴である直線は微塵も用いられてはいない。自然より

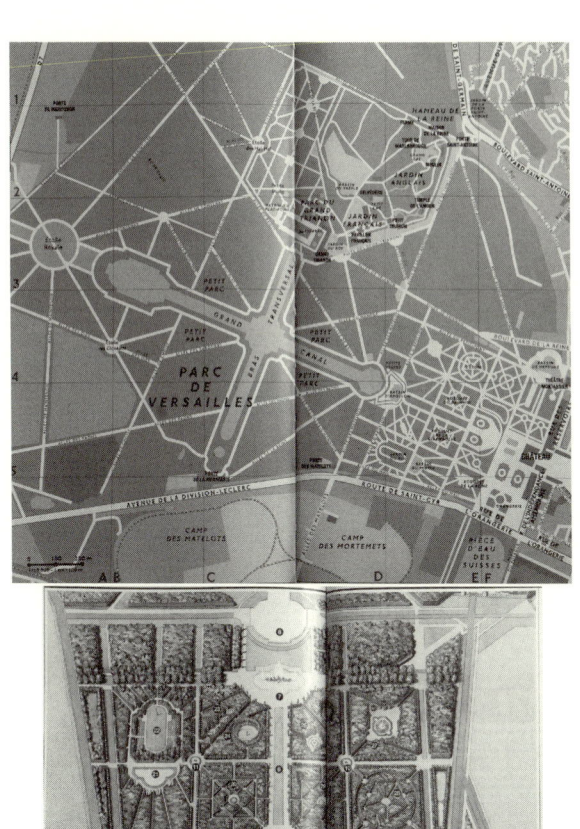

図3　ヴェルサイユの庭園平面プラン　下：ボスケ部分

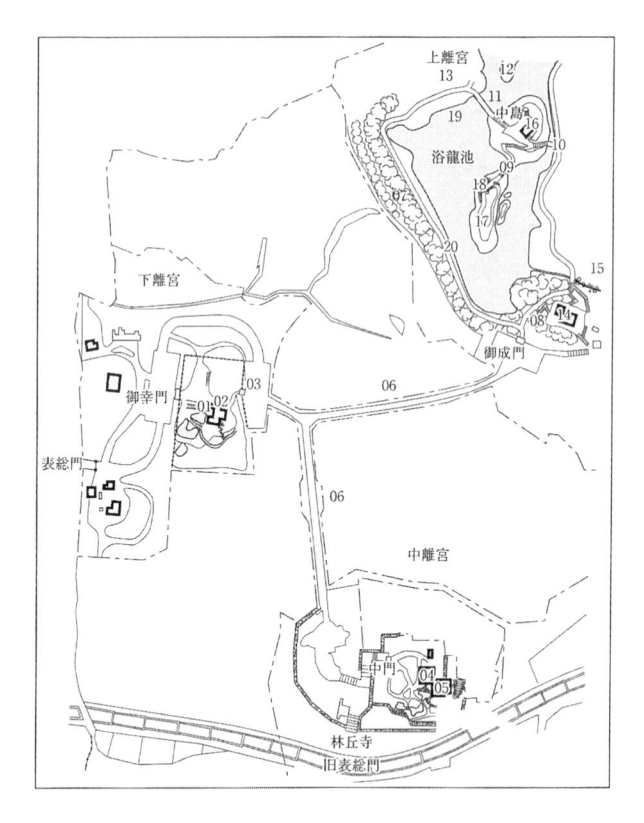

図4　修学院離宮の庭園平面プラン

さらに自然な風景の中にいると、この風光の中で世を辞して行くことができたらいかほど幸せであろうかというような懐かしさの感情がよび覚まされる。

　この庭園の写真をとってみたが美しく写らない。画面の多くはただ木々の緑があるだけである。そこここに渓流が流れ、小さな滝がかかり、水辺の花があり、水中の花があり、水田や、遠景の山の姿があるが、その雰囲気は写真にはうまく写ってくれ

ない。私の技術が拙いせいもあるが、市販の写真集で眺めても似たようなものである。修学院離宮の美しさはフォルムの美ではない。もっと奥行きの深い、感性に直接訴えてくる美である。たとえば、明るい玉砂利を踏んで広い木製の門を入っていく新鮮な感触、新緑の松葉の香りと葉先の柔らかい痛さの心地よさ等々。それが、一種の線形的文明装置であるカメラとマッチしないのではないかと思う。カメラがなぜ線形な装置なのか、文末で改めて考察する。

それはさておき、私たち数学者は西洋の線形嗜好と日々対峙せざるを得ない。

2 パスカルの定理

このような線形性は線形空間、すなわちベクトル空間の言葉で表現される。線形空間 (ベクトル空間) V とは、V の 2 元 x, y の和 $x+y$ と定数倍 cx が V の元として定められた集合である。このとき 3 つの元 x, y, z に対しては、結合法則

$$(x+y)+z = x+(y+z)$$

が成り立っていなければならない。たとえば 2 変数、高々 3 次の関数は一般に係数 $a_1, \cdots, a_{10}$ によって

$$f(x,y) = a_1 x^3 + a_2 x^2 y + a_3 xy^2 + a_4 y^3 + a_5 x^2 \\ + a_6 xy + a_7 y^2 + a_8 x + a_9 y + a_{10}$$

の形で与えられる。この形の式 f_1 と f_2 の和と定数倍は自然に定められ線形空間となる。つまり、2 変数高々 3 次の関数の全体 V は 10 次元の線形空間である (以降では係数を複素数で考え、V は複素線形空間と考える)。

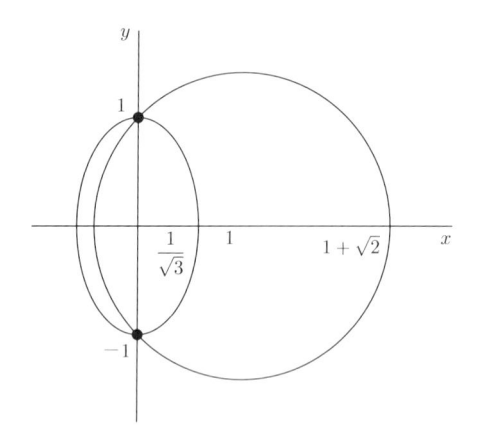

図 5　円 C_1 と楕円 C_2 の交差

複素 n 次代数曲線とは複素 2 変数の n 次関数 $f(x,y)$ によって $f(x,y) = 0$ で表される図形で、この図形は複素 2 次元空間 $\mathbb{C}^2$ に無限遠直線を加えた複素射影平面に配置されていると考える。m 次代数曲線と n 次代数曲線とは、それらがより低次の代数曲線を共通に含んでいなければ、交点の数え方を適当に定義してちょうど mn 個の交点を持つと考えられる。

一例として楕円と円を考える。どちらも 2 次代数曲線であり、ふつうの実平面で考えると、最大 $2 \times 2 = 4$ 個の交点を持ち、互いの位置関係が悪いと一つも交点がなくなる。しかし上記の複素射影平面においては例外なく 4 点で交差するのである。

$(1,0)$ を中心とする半径 $\sqrt{2}$ の円 $C_1 : (x-1)^2 + y^2 = 2$ と原点を中心とする縦長の楕円 $C_2 : 3x^2 + y^2 = 1$ とは図のように $(0,1), (0,-1)$ の 2 点で交差し、他に交点は無いかに見えるが $(x,y) = (-1, \pm\sqrt{-2})$ という複素数の交点がある。このことは、式に代入すれば確かめられる。

これら代数曲線の交差に関して、1640年にパスカルが、彼の『円錐曲線試論』([pasz] 参照) において発見した定理を少しだけ拡張して次の定理が成り立つ。この定理は単に一定理として美しいだけではなく、後に述べるように、代数曲線論さらには、コンパクト複素多様体論の基本定理につながる重要性を有している。この定理の証明は線形空間の考えを用いて与えられるので、線形性という概念の持っている機能を説明するために証明の概略を与えることにする。

定理 1 (拡張されたパスカルの定理)　円錐曲線 (すなわち2次曲線) K の上に6点 $P_1, P_2, \cdots, P_6$ を定める。二つの3次曲線 E_1, E_2 がともにこれら6点を通過するとき、E_1, E_2 は一般にさらに3点 (R, S, T とする) で交差するが、これら R, S, T は同一直線上にある。

注意 1　直線2本でできた図形も2次曲線とし、直線3本でできた図形も3次曲線として上の定理を適用することができる。

[パスカルの定理の証明の骨子]
　まず、2変数3次式の全体を考え、それを $\mathcal{V}$ とする。3次式は一般に

$$a_1x^3 + a_2y^3 + a_3xy^2 + a_4x^2y + a_5x^2 + a_6y^2 + a_7xy + a_8x + a_9y + a_{10}$$

の形になり、任意定数10個を含む。すなわち $\mathcal{V}$ は10次元線形空間である。

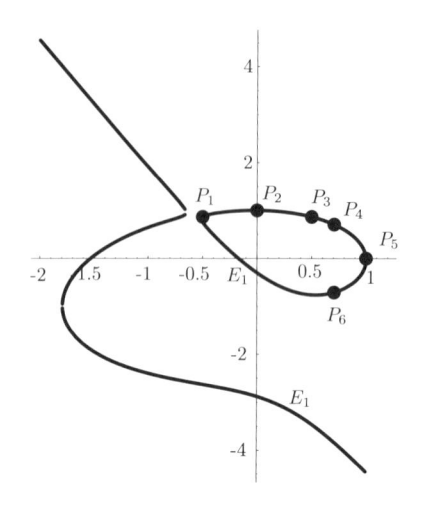

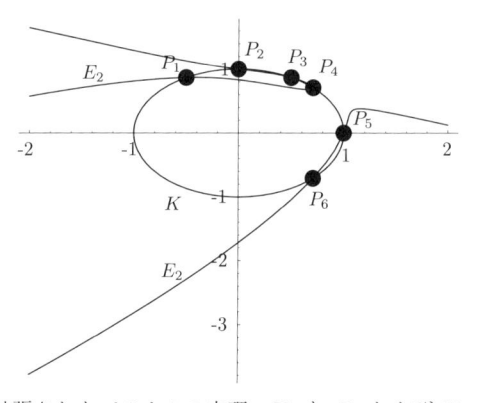

図 6 拡張されたパスカルの定理、E_1 と E_2 および K。E_1, E_2 は K 上の共通の 6 点 $P_1, \cdots, P_6$ を通っている。

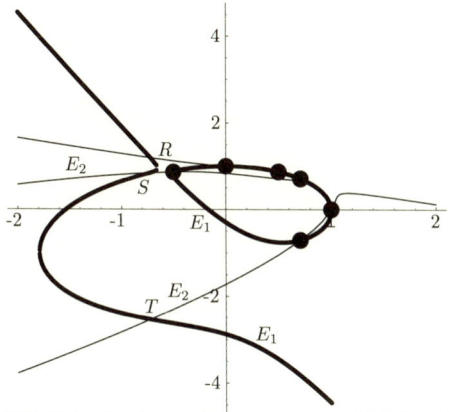

図7 拡張されたパスカルの定理、E_1, E_2 の新たな交点 R, S, T が同一直線上にある。

2次曲線 K を $Q(x, y) = 0$ とし E_1, E_2 はそれぞれ $F(x, y) = 0, G(x, y) = 0$ で与えられるとする。また R, S を通る直線の式を $L(x, y) = 0$ とする。ここで、

「8点 $P_1, \cdots, P_6, R, S$ で 0 になる」

という条件を満たす 3 次式すべてを集めた集合を $\mathcal{T}$ とする。$\mathcal{T}$ に属する 3 次式を定数倍したもの、$\mathcal{T}$ に属する元どうしの和もまた、この条件をみたすから、$\mathcal{T}$ もまた線形空間となっている。

$\mathcal{T}$ が含む任意定数の自由度を勘定する。もともと 10 個の任意定数があって、8 個の条件を置いたのだから、残る自由度は 2 と考えられる (このことを、数学的に厳密に議論するには、これらの条件の独立性を示す必要があるが、準備が必要なのでここでは論じない)。すなわち $\mathcal{T}$ は 2 次元線形空間をなす。

ところで E_1 の定義関数 $F(x, y)$ はこの拘束条件を満たしているから $\mathcal{T}$ の要素である。また積 $Q(x, y)L(x, y)$ もまた、$\mathcal{T}$

線形性　87

に属している ($P_1, \cdots, P_6$ で $Q(x, y) = 0$、R, S で $L(x, y) = 0$ となっているから)。したがって、任意定数 λ, μ に対して $\lambda F(x, y) + \mu Q(x, y) L(x, y)$ はすべて $\mathcal{T}$ に属するが、$\mathcal{T}$ は2次元の空間なので、$\mathcal{T}$ の要素はすべてこの形で書かれる。E_2 の定義関数 $G(x, y)$ は $\mathcal{T}$ の要素なので、適当な係数 λ_0, μ_0 によって

$$G(x, y) = \lambda_0 F(x, y) + \mu_0 Q(x, y) L(x, y)$$

の形で与えられることになる。もちろん、$F(x, y)$ および $Q(x, y) L(x, y)$ は E_1 と直線 $L(x, y) = 0$ の第3の交点 T' で0になる。したがって上の式から $G(x, y)$ も T' で0になる。これは E_2 が T' を通ることを意味し、それは E_1 と E_2 の第9の交点 T に他ならない。こうして R, S, T が同一直線上にあることが示された。 q.e.d.

3 パスカルの定理の文脈

パスカルの定理が、その後発見された代数幾何学の基本的な法則とどのようにつながっているかを楕円曲線論の例で眺めてみる。楕円曲線論、とくに楕円曲線の数論は今日でも数学の最先端分野の一つで、多くの数学者が日夜研究を続けている。さらに、楕円曲線の数論に基づく暗号理論は現代社会での通信システムの安全性の確保のために不可欠なものとなりつつある。

楕円曲線とは

$$E : y^2 = x^3 + ax + b \quad (4a^3 + 27b^2 \neq 0)$$

で与えられる3次曲線で、例外を除くほとんどの3次曲線は射影幾何学の立場ではこの形で扱うことが許される。x, y は複素

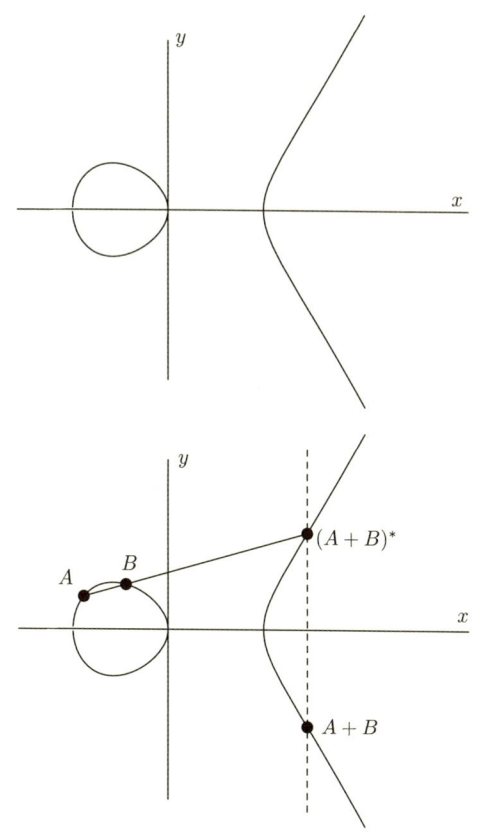

図 8　楕円曲線の概形 ($y^2 = x^3 - x$ の場合)、楕円曲線上での 2 点 A, B の和 $A + B$

数で考えるが、実数平面では図 8 のようになる。この曲線は弓の部分の上下の極限が無限遠でつながっている。その無限遠点を O で表しておく。

E の上の点 A, B に対して、直線 $\overline{AB}$ と E との第 3 の交点をとりその x に関する対称点を A, B の和であると定義する。こ

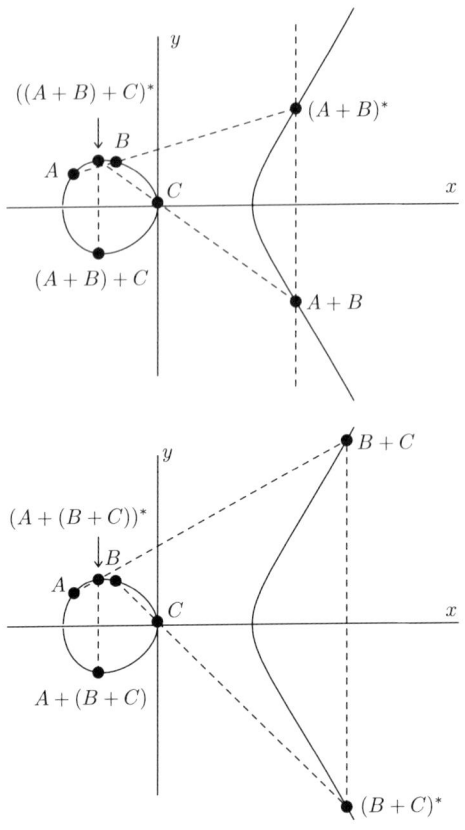

図 9　A, B, C の 2 通りの加法、左： $(A+B)+C$、右： $A+(B+C)$

れを $A+B$ で表す (図 8 参照)。こうして E の上の点たちの間の加法が定まる。上の操作の途中に現れた第 3 の交点は $(A+B)^*$ で表す。この操作を自然に拡張して A, B が x 軸に関して対称の位置にあるときは $A+B=O$ となり、また $A+O=A$ となることが導かれる。

このとき E 上の第 3 の点 C をとってくると $(A+B)+C$ と

いう点をつくる操作と、$A+(B+C)$ という点をつくる操作が考えられる。この両者が一致するなら、ここで定義した加法は結合法則を満たし、E 上の点の全体が O を単位元とする群構造を持つことになる。したがって

命題 1 $\qquad (A+B)+C = A+(B+C)$

の成立は、楕円曲線論の重要な基礎法則となる。左辺、右辺を定義通りに作図すると図9のようになる。

このように作図された点 $(A+B)+C$ と $A+(B+C)$ が一致するかどうかは、直ちには分からないが、拡張されたパスカルの定理がそれを保証する。

以下、そのことを示す。

まず、$((A+B)+C)^* = (A+(B+C))^*$ を示せば良いことを注意しておく。

図10 をようく見る。

2 直線 $\overline{B(B+C)^*}$ と $\overline{(A+B)\,(A+B)^*}$ を併せたものを 2 次曲線と考え K とする (図の太線で示された図形)。もともとの楕円曲線を E とし、3 直線 $\overline{A\,(A+B)^*}, \overline{C\,(A+B)}, \overline{(B+C)\,(B+C)^*}$ (図の細線) を併せたものを第 2 の 3 次曲線 E' とする。K と E は無限遠点を含めた 6 点 $B, C, (B+C)^*, A+B, (A+B)^*, O$ で交差している。また、K と E' も同じ 6 点で交差している。さらに E と E' は $A, B+C, ((A+B)+C)^*$ でも交差している。すると拡張されたパスカルの定理によって、この 3 点 $A, B+C, ((A+B)+C)^*$ は同一直線上にある！これは直線 $\overline{A\,(B+C)}$ と楕円曲線 E の第 3 の交点 $(A+(B+C))^*$ が $((A+B)+C)^*$ であることを示している。

q.e.d.

線形性

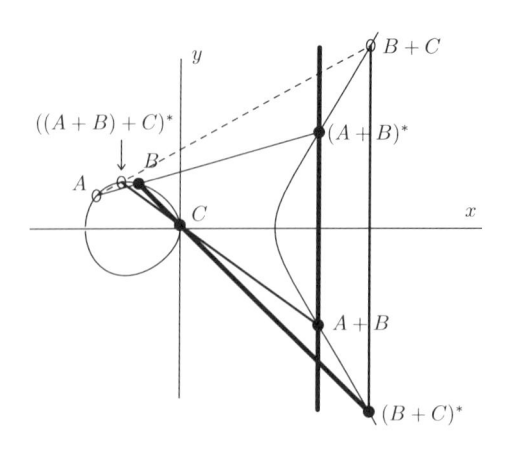

図 10　結合法則をパスカルの定理で見た図

次に、この同じ事実をアーベルの定理を通じて考察する。

x, y 平面に楕円曲線 E が与えられると、E の各点にその点の x 座標を対応させる対応は E の上で定義された関数を一つ定めている。また、y 座標を対応させた場合も同様。このように E 上で定義された関数は x, y の多項式 $f(x, y)$ (あるいは分数式) を与えて、その E 上への制限を考えることによって無数に作られる。このような関数の零点 (関数値が 0 になる点) の配置 (あるいは零点と極との配置の相互関係) は次の定理で規制される。

定理 2 (アーベルの定理 (楕円曲線版))　多項式 $f(x, y)$ で定まる楕円曲線 E 上の関数の零点を $P_1, \cdots, P_n$ とする。このとき

$$P_1 + P_2 + \cdots + P_n = O$$

となる。

2 直線 $\overline{B(B+C)^*}$ と $\overline{(A+B)\,(A+B)^*}$ を定義する 1 次関

数を $h_1(x,y), h_2(x,y)$ とし、直線 $\overline{A\,(B+C)}$ を定義する 1 次関数を $h_3(x,y)$ とする。同様に 3 直線 $\overline{A\,(A+B)^*}, \overline{C\,(A+B)}$, $\overline{(B+C)\,(B+C)^*}$ (図 10 の細線) それぞれの定義関数を $g_1(x,y)$, $g_2(x,y), g_3(x,y)$ とする。このとき積 $h_1(x,y)h_2(x,y)h_3(x,y)$ から定まる E 上の関数を $H(x,y)$、積 $g_1(x,y)g_2(x,y)g_3(x,y)$ から定まる E 上の関数を $G(x,y)$ と書くことにする。$H(x,y), G(x,y)$ は E 上に 8 点の零点を持ち、その内の 7 点

$$A, B, C, A+B, (A+B)^*, B+C, (B+C)^*$$

は共通である。アーベルの定理によって第 8 の零点は一意的に指定される！すなわち $H(x,y)$ の第 8 の零点 $((A+(B+C))^*$ と $G(x,y)$ の第 8 の零点 $(A+B)+C)^*$ は一致する。

アーベルの定理は、3 次曲線の射影幾何学の世界に局限されているパスカルの定理を、一般の代数曲線 (リーマン面) にまで拡張した広範な定理であるが、このような考察を通じて両者が同じ系列上にあることが了解される。

さらに、代数曲線上で極および零点の位置と位数を指定して、有理型関数のなす線形空間の次元を論じるのがリーマン・ロッホの定理で、1 次元代数幾何学でもっとも基本的な定理であり、それは高次元の場合へも拡張される大規模な定理の原型である。そこから次の事実が導びかれる。

命題 2 (リーマン・ロッホの定理の帰結) 楕円曲線 E の一点 Q で n $(n \geq 2)$ 位の極、指定された k $(k \leq n-1)$ 個の点 $P_1, \cdots, P_k$ を (一位の) 零点とする E 上の有理型関数全体は $n-k$ 次元の線形空間をなす。

この命題に照らし合わせると、上記の関数 $H(x,y), G(x,y)$ は O に 8 位の極を持ち、7 点

$$A, B, C, A+B, (A+B)^*, B+C, (B+C)^*$$

で一位の零点をもつ関数たちの空間に属しているが、その空間は 1 次元である！したがってこの両者は E 上の関数としては定数倍の違いしかなく、とくにその第 8 の零点も一致する。

つまり、パスカルの定理は代数曲線論あるいはリーマン面の理論における基本定理であるアーベルの定理およびリーマン・ロッホの定理の原型であり、その証明はさまざまな線形空間の次元の比較考察を骨子としている。すなわち、線形性という直線的な概念を駆使した考察によって、代数曲線という曲がった対象の根本的な性質があぶり出されるのである。

4 線形性の背景

西洋は単純なものの積み重ねで難しい真理に到達しようとする。線形性の視点で数学をするということは、1 次方程式という単純な道具に帰着させて対象を調べるということである。さすがにこれは誰にでも使える道具ということになる。ただし、つきつめれば 1 次関数に過ぎない道具をヴェルサイユの小庭園のように千変万化させて、高度な理論に組み上げてゆくのである。

しかし日本は違う。稽古事であれ学問であれ、文化の伝承は口伝、丸暗記が基本で、師匠の真似を繰り返し、理屈抜き意味不明のまま体に叩き込む。だが、そのことによって理屈を越えた深い意味が全身にしみ込んでいく。難しい対象とじかに対峙することによって自分が錬磨され芸の道が深まるのである。このよ

うにして日本は文化の深さを偏愛してきた。

　日本の大学に於ける数学はどうであったろう。まったくの西洋文化である数学を、日本的な叩き込み教育で維持してきたのである。それは100人に教えれば99人は習ったことが生涯意味不明のままで終わるが、一人がある日その意味を理解する。その一人がまた数学文化を伝える側に立つ。こうして、日本の高度な数学研究が形成されていった。99人は学問の尊さを信じて、この一種禅宗的な秀才養成教育に耐え、一知半解の自分の信仰を後進に伝えたのである。自分の浅い知恵では到達できないものを無条件に信じるという美しい風習とともに、このような教育システムは大学改革によって崩壊した。早晩、深さを偏愛する日本独特の数学も姿を消すであろう。

　一方、西洋では真理の普遍性に固執してきた。ヘレニズムの時代に完成したユークリッドの幾何学においては、万人が認めると思われる図形に関する自明な「公理」から出発して、一見では明らかではないが重要な事実を「定理」として掲げ、その事実を平明な論理の連鎖で「証明」するのである。ふつうの知力を持った人間ならだれでもその真理に到達可能な体裁をとっている。このような、定理と証明の繰り返しで、ユークリッド幾何学という平面図形の性質に関する理論体系が構築されている。一旦このような理論体系ができあがれば、そこに述べられている事実は疑問の余地無く正しいのであるから、万人が使用可能な共有の道具ということになる。このユークリッド幾何学と線形性の数学とは、非常に近い思想的な枠組で作られていると考えられる。

　実際に、線形性の思想が具体化していったのは、15世紀初頭ルネサンス期のイタリアで建築家ブルネレスキが透視図法による遠近法を発見してからである。単に遠くの物を小さく描くという意味での遠近法なら、さまざまな文化圏で発見されていた。

"遠くの物がどのような計量的正確さで小さくなり、近くの物とどのような位置関係で捉えられるか？"
を、ブルネレスキおよびその理論的継承者である画家ピエロ・デラ・フランチェスカらは視"線"の束を仮想の3次元空間に描いて、遠近法を正確に法則化、理論化したのである。

　その後、遠近法はルネサンス絵画を特徴づける技法として定着した。一方、透視図法によって無限遠点が消失点として視覚化され、射影幾何学の研究が触発された。このように透視図法による遠近法と射影幾何学とは、線形性という一つの思想が異なる形態で具体化されたものと考えられる。

　遠近法はその後さまざまな展開をするが、透視図法による遠近法を絵画に応用する際に、レンズ付き暗箱カメラを用いる画家が現れた。フェルメール (1632-1675) ら、多くの画家が暗箱カメラ (今日のデジタル・カメラの遠い祖先) の映像を用いて作品を作っていたことが知られている。射影幾何学においてパスカルの定理が発見された (1640年) のもこの文化的な脈絡の中に位置づけられる。私が、カメラは線形的な文明装置であるというのもこのような理由からである。

　理論としての線形代数学が現れ、さらに線形空間の概念がもたらされたり、線形空間の考えで微分方程式を研究するようになるのは、射影幾何学の登場より後のことであるが、思想枠としての線形性は17世紀にはじまると、筆者は考える。

　フランス料理のフルコースをホテルで注文したりすることは滅多にないが、たまにそのような席に出たとする。スープ用スプーン、前菜用のナイフとフォーク、主菜用のナイフとフォーク、デザート用の大振りのスプーン、コーヒー用の小さなスプーンなどの目的別の道具が自分の席の前に順序よく揃えられている。あるいは、これはあまりそういう機会に会いたくないが、歯医

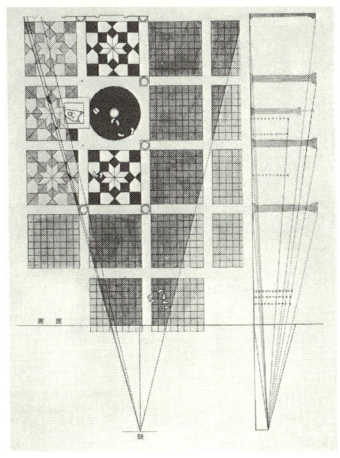

図 11 ピエロ・デラ・フランチェスカの遠近法によるフレスコ画 "キリストのむち打ち"(ウルビーノのマルケ国立美術館) と、それを現代の研究者が平面図に復元した図面 ([pfr] による)[タイルや天上の模様まで正確に遠近法で描かれている。また、作品自体も謎を含んでいる初期ルネサンスの傑作である。

線形性　97

者さんで手術をうけることになったとする。眼前の治療台にさまざまな手術用のスティックやメスが整然と並べられてゆく。

　西洋の文明はこのように、道具を用意して目的に向かう。道具とは、高度な熟練を必要としない誰でも使える手段ということである。

　線形性ないし線形代数学というのは、万人が使える便利な道具の一つである。しかも、それは数学的対象から線形性ないし加法性という単純な構造だけをとりだして論じる道具である。ある意味で20世紀前半の数学は高次元の線形性を軸にして発展したとも思える。一見このような直線的な道具では曲がった対象は論じられないように見えるが、曲がった対象である多様体からもホモロジーおよびその双対概念であるコホモロジーを通じて線形構造を引き出すことができる。そして、その線形構造に多様体の特性を反映させ、結局、多様体の研究をさまざまなレベルの線形構造の研究に帰着させてしまうのである。

　その意味で、種々のホモロジー群とコホモロジー群は歯医者さんのスティックであり、フルコースのナイフとフォークの一揃えである。

　たとえば、多変数解析函数の理論は、日本人数学者岡潔が1936年から1953年に渉って、みずから"上空移行の原理"と名付けた入り組んだ思考を駆使してほぼ独力で切り開いた。その後、ヘルマンダーをはじめとする後続の数学者が、関数解析的なアプローチを見いだして、単純な見通しにたって展開されるようになった。つまり、多変数解析函数の古典理論が線形性によって理解されるようになったのである。それは、昔の登山家がある名峰を苦心して単独登攀して最初の登山路が開かれ、やがて、それを何度も横切って頂上に達する観光道路がつくられた光景に似ている。

日本の文化にはいつも一種の求道的雰囲気や情緒の感覚、そして家元制の伝統が伴っているが、西洋の文化はもっと市民社会的で、乾燥し透明な印象になるのである。

　19世紀末の哲学者フリードリッヒ・ニーチェは、自分を取り巻いている西洋文化のこのような性格を「公教的」とよび、東洋における「秘教的」な文化と対置させて考察していた ([ntz] 三十、参照)。ニーチェにおいては、彼の独自の選民主義的思想によって、西洋文化の公教的側面が時代精神の大衆性、俗物性につながるものとして激しく攻撃されている。しかし、現代の私の目にはこのような孤高を目指した哲学者の存在が、まぶしく見える。分かりやすく親切な授業を義務づけられている大学の教育職労働者にとって、孤高の数学者などという存在は許されていない。もはや、大学は研究者にとってのアジールではなくなり、同時に学生からは学問への畏怖という観念が消滅した。

関係

1 方程式と言葉

　未知なものを、既知なものとの関係によって規定する、という思考法は古代の数学の中にすでに見ることができる。古代中国の後漢時代 (25-220) の数学書 (といっても 246 題の例題集であるが)『九章算術』の第八章は「方程」の章で、連立 1 次方程式が扱われている。今日私たちが "方程式" という言葉を用いているその源がここに見られるのである。その例題の一つを示す。

　上禾 (か) 五束があり、それより実 (もみ) 一斗一升を減らすと下禾七束に当たる。上禾七束より実二斗五升を減らすと下禾五束に当たる。上禾、下禾それぞれの一束の実はいくらか？

(藪内清『中国の数学』p.33)

　刈り取ったばかりの禾＝穀物 (粟か黍か) が束ねられて上下二段に置かれている。上段の束は一定のもみ x 升をつけ、下段の

束も一定のもみ y 升をつけていると仮定されている。上の問を式にすると

$$\begin{cases} 5x - 11 = 7y \\ 7x - 25 = 5y \end{cases}$$

となる。これから $x = 5, y = 2$ すなわち、答は上禾は一束五升、下禾は一束二升である。これが "元祖連立 (1 次) 方程式" である。

話は変わる。アレクサンドロス大王が建設したエジプトのアレクサンドリアは、大王死後のヘレニズム期にプトレマイオス王朝エジプトの首都であった。その最後の女王がクレオパトラであるが、女王の死後この町がローマ帝国の支配下に入った後も帝国第一の学術都市として栄えていた。紀元 3 世紀にそのアレクサンドリアで活躍した数学者ディオファントスは、古代数論の創始者であり、その著書『数論』を 17 世紀のフェルマーが読んで、余白に "フェルマー予想" の事実を書き残したという話は有名だ。5 世紀にメトロドーロス (Metrodorus) によって編纂されたギリシャ詩華集 (Greek Anthology) という古代ギリシャ詩の集大成の中の "短詩"(Epigram) 篇に、このディオファントスのことを歌った以下のような詩があったという。(山下純一 [yam] に述べられているが、ディオファントスに関しては http://www-history.mcs.st-andrews.ac.jp (スコットランド、セントアンドリュース大学の数学史サイト [stand]) の記述のほうが正確と思われる。なお、山下氏の本は話題豊富で、他にも参考になる記述が多い。)

[stand] によると、その短詩集の中に

「ディオファントスは、一生の $\frac{1}{6}$ を少年時代として過ごし、その後 $\frac{1}{7}$ 生たったのち結婚し、さらに $\frac{1}{12}$ 生かかってひげをのばし、その 5 年後に息子が生まれた。息子は父の $\frac{1}{2}$ 生だけ生き、父は息子の 4 年後に死んだ。」

という詩が書かれていた。一生を x 歳とすると、この文面から

$$\frac{x}{6} + \frac{x}{7} + \frac{x}{12} + 5 + \frac{x}{2} + 4 = x$$

となる。よって、$x = 84$ を得る。少年時代とは 14 歳までであり、ディオファントスは 84 歳まで生き、26 歳で結婚し、33 歳でひげがのび揃い、38 歳で息子が生まれ、その息子はディオファントス 80 歳のときに 42 歳で死んだことが分かる。

数学を離れて日常においても、われわれは未知の事柄を既知の事実との関係を連立させて理解しているのであろう。フランスの哲学者モーリス・メルロー＝ポンティはその著作『シーニュ』[mpo] のなかで、次のように述べている。

言語は、それが物そのものを語ることを断念したときに、断固としたかたちで語る。ちょうど、代数が、何であるかわからぬ量を計算のなかに導き入れるように、言語活動は、個々のものとしてはどれも知られていないようなさまざまな意味作用を区別する。そして、それらを既知のものとして扱

い、われわれにそれらとそれらの相互関係についての抽象的なポートレートを与えているうちに、ついに、稲妻のようなかたちで、このうえなく明確な識別をわれわれに強いるにいたるのである。

(モーリス・メルロー＝ポンティ『シーニュ』p.66)

数学のような厳密なシステムを学ぶ以前に、われわれは母国語の言語を習得していく過程で、新しい言葉の意味を一種の連立方程式を解くようにして生活の中で獲得しているのである。つまり、既知の言葉 (単語) を係数とする連立方程式のように、さまざまな状況のなかで未知の言葉複数をふくむ用法を繰り返し、その未知の言葉 (単語) たちと他の既知の言葉 (単語) たちとの関係が記憶の中に蓄積されてゆく。その結果、あるときそれらの言葉の持つ意味が判然として、それ以上の試験的用法を必要としなくなるのである。

2　おとうさん

上で話題にした"関係"は、等式に表される関係である。一方、数学ではさまざまな量的関係を構造化して扱う。それは、二つの対象を比較するというわれわれが日常行っている操作と同一の地平での思考方法である。

たとえば二つの対象の大小を比較し、その結果、一方が他方より大きいという関係が導かれる。二人の人が話題になっていて、一人が、もう一人より年上であることが判明したりする。また、ある二人の人物、たとえば宇多田ヒカルと往年の歌手藤圭子が

親子であったり、ディリクレがリーマンの師であったりという関係にあるとき気づいたりする。"親子"とか"師弟"というのは、特定の二人の人物の間の関係を規定するものである。数学ではこのような概念を２項関係と言っている。

　私は、先日自分の住んでいる千葉市のさる総合病院に家人を見舞いに行った。そのとき、驚くべきことに看護師さんから「おとうさん」とよばれた。思わず、私は「なんだね娘や？」と返事をしてしまった。昔は飲み屋で、店のマダムが客を「おとうさん」とよんだりしていたが、どちらの「おとうさん」も２項関係を一般名称化して、いわばそこに擬態としての家族を演出する安っぽい手口だ。その家族に於いても、一家のあるじがその配偶者から"パパ"とよばれ、彼らの長男が"お兄ちゃん"であり、末っ子だけが名前でよばれる。もちろん、おとうさん、お兄ちゃん、は二人の人物の血縁関係を表す立派な２項関係であるから、これらはすべて誤用であるが、しかし、あまりにも一般化した誤用である。

　私が知っている唯一の海外であるヨーロッパ大陸では、家族内において各構成員はみなファースト・ネームで呼び合っている。

　この習慣の違いは何に起因するのであろうか？　理由はさまざま考えられるだろう。私は、日本における、"個人の人格"の概念の未成熟が原因だと思っている。私たちは本来一人一人異なった価値観、異なった審美観、異なった倫理観を持って生きている。しかし私たちの社会は"人はみな異なっている"ということが大前提になって作られてはいない。むしろ、人はみな共通の価値観、共通の審美観、共通の倫理観を持っているべきことが暗黙のうちに強制されている。それは、国家がそのようなことを強制しているのではなく、社会通念がそのように自動的に機能しているのである。

たとえば、小学校で、一人だけ違った行動をとったり、一人だけ異った服装をしたりすると、すぐに仲間からのバッシングの対象になったりする。私たちはこのように人格未成熟の社会に住み慣れているのである。

　さて、話をもとにもどす。このような"2項関係の一般名称化"は「おとうさん」だけに限らない。直接教えを受けたわけでもなく、また心底私淑しているわけでもないのに安易に"先生"をつけてよびかけるいかさまな風習が大学の周辺にははびこっている。しばらく以前はテレビ番組に大学教授が出演すると"先生"付けで紹介されたり、アナウンサーに話しかけられたりしていたが、現在ではもう行われていない。今では大学教授も単純に"さん"付けで呼びかけられている。最初私は、これは社会の学問軽視の風潮の現れかと憤ったが、やがてこれが正しい呼びかけ方だと納得した。「せんせい」というのは2項関係から発生する呼び名であるから、一般にテレビに登場した大学教授はアナウンサーと師弟関係があるわけではない、したがってアナウンサーがこの出演者を「せんせい」と呼ぶのは正しくない。また、そのような呼称で呼びかけることは、その師弟関係の追認を一般の視聴者に強要するものであるから2重に正しくない。

　2項関係の追認を暗黙のうちに強要する例は街角でも見かける。御茶の水界隈を歩いていると、私立大学の創立者や功労者の銅胸像が道端に建てられ「××先生像」とかプレートがつけられている。それは、この学校の関係者にとっては師と呼ぶべき立派な人物であったからであろう。しかし、それはこの学校関係者の小社会での出来事である。路上の通行人に見せてこの人物の像を「先生」で呼ぶのは、通行人にもこの人物を先生と認識せよと強要しているようで、一通行人である私にはあまり面白くない。

　この「先生」は私の暮らしている大学という社会の中では、さ

関係　105

らにやっかいである。実際の師弟関係は数多く存在しその人々が「先生」とその逆関係である「××くん」で呼び合うのはいい。しかし、その関係が無制限に敷衍されて、赤の他人でも無難にすませるために「先生」をつける風習がある。どこからその習慣が来ているかと言えば、大学の教員はみな学生から見れば先生である。ちょうど、家族の中で長男は末っ子から見ればおにいちゃんだからというので、一家全員この家の長男を「おにいちゃん」と呼ぶのに似て、教員を全員「せんせい」と呼んでしまえ、というのがこの呼称発生のメカニズムである。

　つまり、やたらに先生で呼び合う大学は、一種の家族主義的な人間関係をひきずっている小社会で、学問の世界で戦う集団への変身が遅れている大学なのである。

　この2項関係は、以下のようにさらに拡張した概念を生む。たとえば、二人の人物が同じ学校の出身であったりする。これもまた二人の人間の間の関係であるから2項関係である。しかし、今度の場合は特定の二人の間のみの関係ではなく、同様の仲間がひとくくりにされる関係である。このような概念を数学では同値関係とよんでいる。このひとくくりにされる仲間同士には、さまざまな共通の性質が見られることが多い。その意味で、くくって物事を考える方が利便性があったりする。

3　数学における関係：ホモロジーとコホモロジー

　このように、数学では、概略の性質を見るための利便性に留まる視点と、個々の対象の個的な性格にまで踏み込んで考察する場合とを階層化して論じてゆく。

　多変数の微積分学あるいはベクトル解析を学ぶと以下の事実に出会う。

定理 3 平面上の領域 (すなわち、縁を含まない一続きの図形) Ω が与えられているとする。

（1） Ω 内に 2 つの向きの与えられた滑らかな閉曲線 γ_1, γ_2 があり、$\gamma_1 - \gamma_2$ が Ω 内の閉領域の境界をなしているとする。このとき、Ω 上の滑らかな 1 次閉微分形式 φ (すなわち $d\varphi = 0$ となっている) 微分形式に対して

$$\int_{\gamma_1} \varphi = \int_{\gamma_2} \varphi$$

が成り立つ。

（2） また、Ω 上の 2 つの 1 次閉微分形式 φ_1, φ_2 (すなわち、$d\varphi_1 = 0, d\varphi_2 = 0$ となっている) に対して $\varphi_1 - \varphi_2 = df$ となる Ω 上の滑らかな関数 $f(x, y)$ があれば、Ω 内の滑らかな閉曲線 γ に対して

$$\int_\gamma \varphi_1 = \int_\gamma \varphi_2$$

となる。

上のような γ_1, γ_2 を Ω においてホモロガス (homologous) であるといい、φ_1, φ_2 を Ω においてコホモロガス (cohomologous) であるという。

この定理を $\Omega = \mathbf{R}^2 - \{O\}$ の場合、実際どのようになるか調べてみる。たとえば

$$\gamma_1 : \begin{cases} x = \cos\theta \\ y = \sin\theta \quad (0 \leq \theta \leq 2\pi) \end{cases}$$

とし、

関係　　107

$$\gamma_2 : \begin{cases} x = 2\cos\theta \\ y = 2\sin\theta \quad (0 \le \theta \le 2\pi) \end{cases}$$

とする。γ_1, γ_2 の向きは反時計回りである。すると閉領域 $F = \{(x,y) \in \Omega : 1 \le x^2 + y^2 \le 4\}$ に対して、その境界はちょうど $\gamma_2 - \gamma_1$ である。

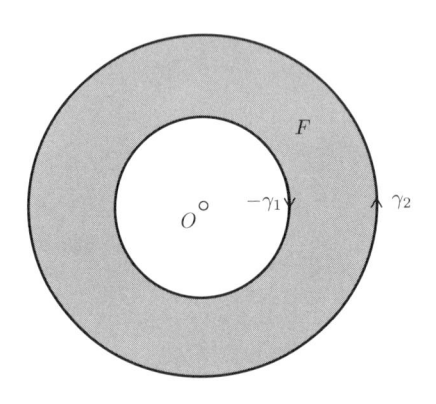

図 1 γ_1 と γ_2 がホモロガスであるようす

$$\varphi = \frac{1}{x^2+y^2}(x\,dy - y\,dx)$$

に対して、$dy \wedge dx = -dx \wedge dy$ に注意すると

$$\begin{aligned}
d\varphi &= \left[\frac{1}{x^2+y^2} + \frac{-2x^2}{(x^2+y^2)^2}\right] dx \wedge dy \\
&\quad - \left[\frac{1}{x^2+y^2} + \frac{-2y^2}{(x^2+y^2)^2}\right] dy \wedge dx \\
&= \frac{1}{(x^2+y^2)^2}[2(x^2+y^2) - 2x^2 - 2y^2]dx \wedge dy = 0
\end{aligned}$$

となり閉微分形式である。また

$$\omega = \frac{1}{x^2+y^2}(xdx+ydy)$$

に対して

$$d\omega = \frac{-2xy}{(x^2+y^2)^2}dy \wedge dx + \frac{-2yx}{(x^2+y^2)^2}dx \wedge dy = 0$$

となりこれも閉微分形式であるが

$$d\log(x^2+y^2) = \frac{2xdx+2ydy}{x^2+y^2}$$

であるから $\frac{1}{2}d\log(x^2+y^2) = \omega$ となっている。

以上の準備のもとに、γ_1 上で $x = \cos\theta$, $y = \sin\theta$, $dx = -\sin\theta d\theta$, $dy = \cos\theta d\theta$, $x^2 + y^2 = 1$ であるから

$$\int_{\gamma_1} \varphi = \int_0^{2\pi} (\sin^2\theta + \cos^2\theta)d\theta = 2\pi$$

となり、同様に

$$\int_{\gamma_2} \varphi = \int_0^{2\pi} \frac{1}{4} \cdot 4(\sin^2\theta + \cos^2\theta)d\theta = 2\pi$$

および

$$\int_{\gamma_2} \omega = \int_0^{2\pi} \frac{1}{4}(-\sin\theta\cos\theta + \sin\theta\cos\theta)d\theta = 0$$

も得られる。

二つの閉曲線が互いにホモロガスであれば、閉微分形式の積分値が変わらないという事実がここに具体的に反映され、また $\omega = df$ の形の微分形式 (完全微分形式という) は閉曲線での積分に寄与しないという定理の主張もここに現れている。

定理 3 は、グリーン・ストークスの定理 (それは微積分学基本定理の多変数版と見られる) から導かれる事実で、任意に固定された微分形式に対して、つねに同一の積分値が得られるような

積分路の変更はどの程度許されるのか。逆に、任意に固定された閉曲線に対して、つねに同一の積分値が得られるような微分形式の側の変更はどの程度許されるのかを述べている。

　つまり、積分値を介して積分路の同値関係、微分形式の同値関係がここに示唆されている。このような同値関係で括った、閉曲線たち、閉微分形式たちのなす構造が幾何学的対象 (この定理では Ω であったが、より一般の空間が対象となる) の性質を反映する。

　これは、現代数学のあらゆる場面に登場するホモロジーあるいはコホモロジーの概念、さらにはその両者の双対性の原型となるものである。このように同値関係でくくられた対象の精密な構造の記述が、現代数学では事態解明のための重要な視点を提供するのである。

離散と連続

1 離散的世界像の登場

　人がこの世界における存在の希薄さを発見したのはいつの時代であろうか。天体の運行についての実像を知っていく過程は、単に科学史の上だけでなく文化史的にも重要なことであると思われるが、一面から見ると、それは"存在の希薄さ"を発見してゆく階梯であるとも言える。

　ニュートン力学による宇宙像を受け入れるには、"世界は巨大な虚無の中にケシ粒のような天体たちがばらまかれてできている"という世界認識への転換が必要であった。実際、ニュートン力学の集成と言える『プリンキピア』が発表 (1687) された後 4, 50 年もの間、その考えは知識人の間にもなかなか浸透しなかった。

　ニュートン的宇宙像に対立する仮説としてデカルト亜流の人々はエーテル説を唱えていた。すなわち、宇宙空間は無ではなくエーテルという存在に満たされているという考えである。とくにフランスでは歴代のパリ天文台長を出しているカッシーニ父子 (初代のジャン・ドミニクと息子ジャック) が強くエーテル説を主張していた。

　これは、当時の人々としては、より自然に受け入れたくなる説であったことが想像される。この論争に決着をつける壮挙につ

いて、フロランス・トリストラム女史の労作『地球を測った男たち』から引用する。

　およそ半世紀前あたりからヨーロッパの学者たちは、地球の正確な形体を知るのに夢中になった。1687年のアイザック・ニュートンによって唱えられた理論によれば、地球は球形で両極のところが平になっているということだった。だがこのイギリスの学者は、一体どういう人間なのだ。研究室の中での研究だけで、実証することを忘れている。彼の理論は、フランスにおいて熱狂と言うより、むしろ懐疑心をもって迎えられた。科学アカデミーは、ニュートン理論に対する賛成意見より、むしろ反論を記録している。それにしても、数学的計算だけで地球の正しい形体を決めるとは、大胆にもほどがある。ニュートンを誹る人々は、真正直なフランスの地理学者たちの計算結果を振りかざし、少なくとも彼らは現地測定を実際にやったのだと主張した。30年前からカッシーニ父子は、フランスをほとんど一寸刻みに測るという大骨折りをしたのだった。カッシーニの結論は明快だった。「地球は両極の方に長く延びているとしか考えられない」。

　この論争は、アカデミーの記録に何百頁にもわたって記されているが、内容はほとんどが退屈なものである。だが、ここから遠征という偉大な発想が生まれたのだ。フランスばかりに固執せず、地球全体を測ってみたらどうかというのである。なんとすばらしい案なのだろう。王とアカデミーに大きな栄光がもたらされる！

　(フロランス・トリストラム『地球を測った男たち』p.13–14)

こうして、1661年創設の王立パリ・アカデミーは、1735年、両説の真偽に決着をつけるために、地球の形状を測定する探検隊を、極地アイスランドと赤道直下その名もエクアドルへと派遣する。エーテル説によれば、地球の自転もエーテルの動きによって引き起こされ、洗濯機の中に浮かんだゴムまりのようにエーテルの外圧によって、地球は縦長にラグビーボール状に歪んでいると考えられた。一方ニュートン派の説は自転すれば自らの遠心力で赤道方向にふくらむから、地球は温州みかん状につぶれているというものであった。したがって北極での緯度一度と、赤道での緯度一度の長さを測定して比較しようと試みたのである。両隊ともアカデミー会員が率いた。

この時代、科学アカデミーの存在意義とは何か、上記の書に的確な文章があるので引用する。

> 18世紀の学者にとっては、いかなる理論も、事実によって検証されない限り、それは有効なものとは認められなかった。どんな理論でも、科学アカデミーが自らその根拠を実験的に検証して、初めて実際的に価値のあるものとして登録されたのであり、そうすることがまさしくアカデミーの役割とさえ目されたのであった。実証を他人まかせにすることには断じて甘んぜず、つねに、自分の手で確証できたものにだけ、保証を与えるという姿勢を崩さなかった。提出された理論について、必要な実験をすべて行い、その結果それが有効だと認定されると、その保証は、その理論の支持者ばかりでなく、その時代の学界全体への保証となったのである。
> (フロランス・トリストラム『地球を測った男たち』p.179)

離散と連続　113

モーペルテュイが指揮するアイスランド探検隊による測量はすんなりいったが、ラ・コンダミーヌ率いるエクアドル隊は波乱と困難の連続となった。詳細な経緯は『地球を測った男たち』(著者トリストラム女史が、3年の歳月をかけて現地で調査取材して執筆した労作である) に見ることができる。ここではただ、人間が"この世は存在に満たされている"という、一種の宇宙ゆりかご説をなかなか捨てきれなかったこと。それにも関わらず、世界の絶対的法則性を知るために、大きな危険を冒しながら新しい世界観を獲得していったことだけを注意したい。

　翻ってみると、今日の素粒子論的世界像でも、分子は稠密な存在ではなく原子核の周りを電子があたかも太陽の周りを回る惑星のように真空の中で飛び回っている。もしも、これらのシステムが稠密な存在として圧縮されれば、巨大な重力を持つブラックホールとしてかえって虚無を生じることになってしまう。

　つまり、この世は巨大世界も微小世界も存在の希薄なスカスカな構造でできている。

　17世紀ガリレイによる地動説が次第に受け入れられていった時期は、新旧キリスト教勢力の対立の中、ローマ・カソリック側の反動宗教改革と呼応したバロック芸術が盛んな時代でもあった。このバロック様式において主流であった、中心軸の傾いたダイナミックな構図 ("評価"の項にあるカラヴァッジョの作品がその例である) 等もおそらく地動説と無縁ではない (無学な私は、地動説がバロック的構図に影響を与えたという文献を知らないので、これはまったくの憶測で言っているのであるが)。しかし、それと同時にわれわれが宇宙において離散した存在であるという認識も、その後の文化的基調 (キリスト教的世界観が衰退して啓蒙主義思想が台頭するなどの) として無視できないものがある。

　私は東京でよく演奏会にでかける。私は過去の世紀の人間だ

から、聴きに行くのはきまって 17,18,19 世紀の音楽である。近頃はなかなか幸福感に浸れる音楽会に出会わない。それが、会場に漂っている離散的な雰囲気から来ていると思っている。聴衆は一生懸命聴いているけれど、会場全体が一体化した感じがない。熱心な拍手が起こり、喝采を浴びたアンコールもあるが、アンコールが終わるやいなや人々はそそくさと席を立ち、他の聴衆を突き飛ばすようにして会場を出て、会話も少なく家路につきはじめる。会場には、自分たちがそこに居て幸せだと感じられるエーテルが存在しないのである。人々はいつも次の行動へ向かってせき立てられている。私が感じる離散的とは、そんな感じである (文章も離散的文体にしてみた)。

　三島由紀夫は最後に遺した連作『豊饒の海』の最終巻『天人五衰』で、永遠の命を約束されたかのような天人ですら命脈の尽きるときがあり、時至れば五衰の相が現れ、ついにこの世界から去ってゆくことを仏典を数々引用して語っている。五衰の相とは、天人の頭に立っている蓮の花がしおれるのにはじまり、清らかだった衣服がよごれ、脇の下から汗が流れ、いままで瞬かなかった目を頻繁にしばたくようになり、天人の美質であった"本座を楽しむ"ことがなくなることである。"本座を楽しまず"とは、いつも追われるように生きていて、即今の時を生きていないということで、それは、言ってみれば人生をまったく生きていないということである。

　離散性が日本人の五衰の相を導いているのではないかと危惧している。

2 数学における離散的なもの

　数学においては離散的構造と連続的構造とが対照的な概念をなす。離散という言葉のつく数学ですぐ思い当たるのは対称有界領域に作用する離散群とそこから生じる保型形式である。また、しばらく以前から離散力学系が新しい理論をもたらしつつある。

　力学系とは、ある状態が指定された条件下で時間変化するようすを表す数学モデルである。有名な例として、捕食者・被食者系に対するロトカ・ヴォルテラの微分方程式

$$\begin{cases} \dfrac{dx}{dt} = \alpha x - \beta xy \\ \dfrac{dy}{dt} = -\gamma y + \delta xy \end{cases}$$

が挙げられる。ここでは十分な餌が供給される生物群 A がいて、A は別の生物 B に食べられてしまうものとする。A の個体数 x と B の個体数 y の時間推移を表しているのが上の微分方程式である。

　方程式

$$\frac{dx}{dt} = \alpha x - \beta xy$$

は以下の現象を表す。A の個体数が多ければそれに応じて繁殖して個体数がさらに増えるのでその要因を係数 α を用いて αx とする。しかし、増えればその分、B に食われてしまう個体数も増え、B が多ければそれも食われる個体数の増加につながる。そのマイナス要因を係数 β を用いて $-\beta xy$ とした。合わせて A の個体数の増加率が得られると考える。

　方程式

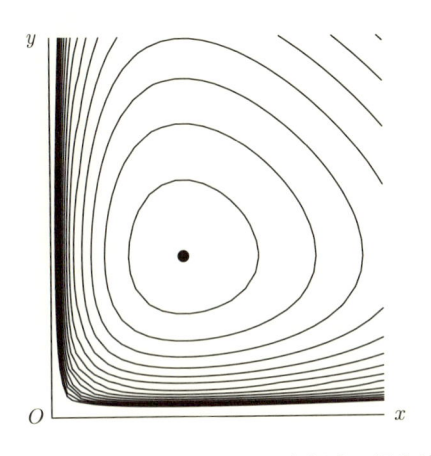

図 1 ロトカ・ヴォルテラの方程式の解曲線

$$\frac{dy}{dt} = -\gamma y + \delta xy$$

は以下の事情の定式化である。B は上の方程式の βxy と同様、自分たちの餌である A の個体数が多ければ繁殖し、また自分たちの個体数にも繁殖のしかたは比例すると考え、そのときの係数を δ とした。一方、B は限られた餌 A を食べて生存しているので、自分たちの個体数が増えれば、それは餌にありつける機会が減少する。そのマイナス要因を $-\gamma y$ とした。この力学系の解は係数 $\alpha, \beta, \gamma, \delta$ が定まれば、初期状態に応じて、図 1 のように、以後時間の経過とともに (x, y) 平面内の閉じた曲線を描いて両者の個体数が周期的に変化する。

ここで、$V(x, y) = \delta x + \beta y - \gamma \log\ x - \alpha \log\ y$ という関数を考えると

$$\frac{dV(x(t), y(t))}{dt} = \delta x' + \beta y' - \gamma \frac{x'}{x} - \alpha \frac{y'}{y}$$

離散と連続　　117

$$= \delta x(\alpha - \beta y) - \beta y(\gamma - \delta x)$$
$$- \gamma(\alpha - \beta y) + \alpha(\gamma - \delta x) = 0$$

なので、解 $(x(t), y(t))$ はグラフ $z = V(x, y)$ の等高線に沿って進み、結局、図中の解曲線は関数 $V(x, y) = \delta x + \beta y - \gamma \log x - \alpha \log y$ の等高線となることが分かる。

次に、外界から遮断された環境で生物の個体数がどのように決定されるかを、同様の考えでモデル化するとロジスティック方程式

$$\frac{dx}{dt} = Rx - kx^2$$

となる。x は時間と共に変化するその生物の個体数で、個体数が多ければその分繁殖の機会が多く、どんどんねずみ算的に個体数が増えそうである。その項が Rx である。しかし、この環境内で食料は有限だから、個体数が増えれば食料の争奪がはじまり、一種の社会的摩擦が生じて、個体数のあまりの増加はブレーキがかかる。このマイナス要因を $-kx^2$ とおいた。増加率がちょうど 0 になるのは $Rx - kx^2 = 0$ すなわち $x = \dfrac{R}{k}$ のときである。すなわち、このとき正負の要因は釣り合って、この個体数はそのまま安定して保たれる。この個体数より多ければマイナス要因が勝り、また、少なければプラス要因が勝るので、どのような初期状態から出発しても、この個体数に向かって収束するのである。

このような考え方が、普通の力学系である。しかし、生物がある限定された繁殖期を持ち、一年一年をその繁殖サイクルに従って過ごす場合、この考え方を修正する必要が出てくる。基本的な考え方は同一であるが、個体数は最早連続的に変化するとは考えられず、今年の個体数 x は去年の個体数から定まり、それはまた、翌年の個体数 y を定めることになる。したがって

$$y = Rx - kx^2$$

という関係式が導かれる。これが離散力学系の例である。$x = \frac{R}{k}X$, $y = \frac{R}{k}Y$ とおけば、これは

$$Y = RX(1-X)$$

という (正規化された) 形になる。

今 $R = 3$ としてみる。$F(X) = 3X(1-X)$ とおく。基準となる、ある年の個体数が X_0 であればその翌年の個体数 X_1 は $F(X_0)$ で与えられ、その翌年には $X_2 = F(F(X_0))$ 等となる。このようすをグラフにすれば、図 2 のようになる。

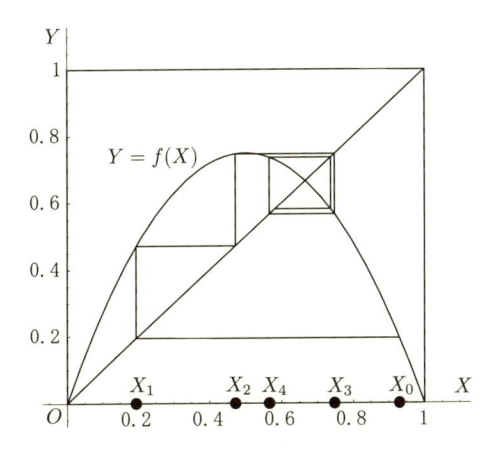

図 2　$F(x)$ に従う個体数変化

この場合、ほとんどの初期値 X_0 に対して、それ以後の個体数は一定の値には収束せず、周期的にも振る舞わない。しかも初期値がちょっとずれただけで、個体数の変遷のようすはまったく変わってくる。このような現象が、実際にもわれわれの周囲

においてさまざまな場面で起きていると思われる。これをカオス現象とよび、近年になって研究が盛んになっているのである。すなわち、通常の連続力学系では生じなかった奇妙な現象が離散力学系では起きている。その現象は既成の数学では説明できなかった身の回りの現象をある程度説明できるのではないかと期待されているのである。

カオス現象で特に有名なのは 1963 年にローレンツ (1917-2008) によって発見された気象現象をモデル化したローレンツ方程式

$$\begin{cases} \dfrac{dx}{dt} = 10(y-x) \\ \dfrac{dy}{dt} = rx - y - xz \\ \dfrac{dz}{dt} = xy - \dfrac{8}{3}z \end{cases}$$

である。

ここで r は正の値をとる定数、第 1 式、第 3 式の係数 $10, 8/3$ は地球の大気に対して定まっているので固定している。r は大気の状態に依存する係数である。ローレンツが提示した例 $r = 28$ では、この微分方程式系の解がカオス的な現象を示す。すなわち、初期状態 $(x, y, z) = (a, b, c)$ を与えて解 $(x(t), y(t), z(t))$ の時間経過を追うと、以下のグラフィックで例示するように、初期状態がごくわずか変化しただけでまったく別の経過をたどることが分かる。

さらに、r を変動させると解の振る舞いがさまざまに変化する。たとえば $r = 18$ では、解は図 5 のように吸引点に向かって収束し、上記のようなカオス現象は生じない。

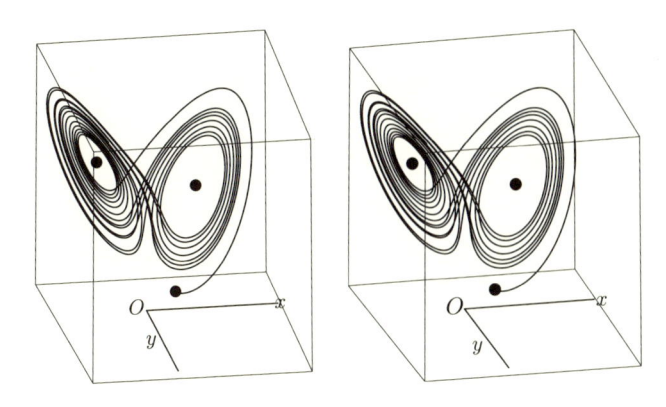

図3 $r = 28$ のときの初期値 $(5, 5, 5)$ の解、2つの吸引点の周りを気まぐれに回遊する。立体視グラフィックになっている

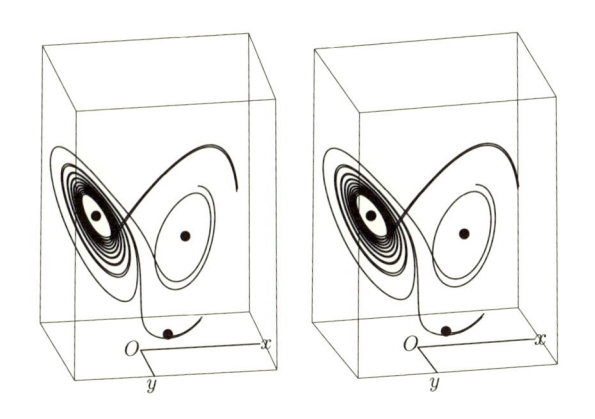

図4 $r = 28$ のときの初期値 $(5.2, 4.9, 4.6)$ の解、2つの吸引点の周りの回遊のパターンが初期値の微細な変化で変わってしまう

　この力学系に関連した非常に面白い理論が、最近フランス、リヨンの数学者エチエンヌ・ギスによって展開され、2006年マドリッドでの国際数学者会議での招待講演で発表され注目されていた。この講演では、上記のローレンツ方程式はある r に対し

離散と連続　　121

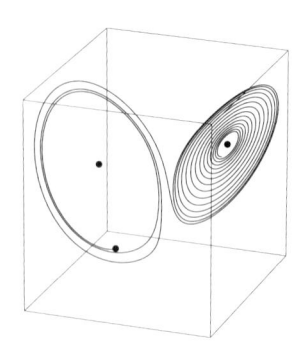

図 5　$r = 18$ のときの解が吸引点の一つに収束するようす

ては解曲線が結び目を作って周期的となること。このようにして生じる結び目がモジュラー群 $SL(2, \mathbf{Z})$ から得られるということを指摘していた。[ghys] に講演に使った美しいグラフィックが置いてある。

推論

1　三手の読み

　数学は定義と計算と推論でつくられている。推論を構成することは、無限にある論理の組み合わせの中から、飛び石を伝うように現象の成り行きを想像し、ある目的に辿りつける唯一の論理の連鎖を発見することである。それは、現象を推し量り、個々の事象を頭の中で将棋のコマのように動かすことである。証明も推論の一形態である。

　われわれの社会では計算は重視されるが、推論は重視されない。単なる計算手段としての数学は重宝がられるが、推論する学としての数学は敬して遠ざけられる。一般的に言って、コンピュータは計算することはできても推論することはできないし、人は推論のやり方を一定の方法に基づいて他人に教えることはできない。これは、マニュアル化したり、リテラシーとして伝えたりできない。人は推論するという頭の使い方を自ら学ぶのである。だから推論することは人間の尊厳に属する。

　デカルトは主著『方法序説』において「私は考える、だから私は存在しているのだ」と言った。でも、近頃人は考えるという習慣を失いつつある。なにかを漠然と思い浮かべたり、何かを希望したり、何かを調べたりすることはある。あるものを好みある

ものを嫌うことはある。しかし、それは"考える"という行為ではない。考えるという作業は、本質的に、自分で自分に問いかけ、自分でそれに答えていく過程の非常に数多くの積み重ねである。つまり、人は"何かに向かって考える"のである。数学における諸概念や方法は、人間が本来持っている考えるという行為を、可能な限り明確にし、先鋭化したものと考えられる。"思考"という漠然とした概念は、数学的に明確にすると"推論"という操作になるのだ。

　でも私の教えている学生は推論が苦手だ。推論の手順を全部段階的に細切れにして、一段一段のステップを考えさせることはできるが、全体の推論の構成までを問題にすると立ち止まってしまう。自分が対面している現象を自分の力で描き出し、それを自分の想像力の空間の中でさまざまに動かして、目標に到達するストーリーにする思考力が欠けているのである。

　詰め将棋の初歩に"一手詰め"というのがある。一手打てば王様が詰むという問題でこれ以上易しいのはない。次が"三手詰め"で、一手打って相手の最善の応手を想像し次の自分の一手で王様を仕留めるという問題である。一手詰めは、推論ではない。三手詰めは推論である。しかし、多くの学生はこの三手の詰めができない。

　これが、学生の学力低下の本質である。

　今やこの世は、"リテラシー全盛、推論停止"の状態に向かっているのではなかろうか。

　推論ということを人生レベルで言えば、自分の一生を構想したり設計したりすることになる。推論が重んじられる社会とは、人が自分の生き方を構想し起承転結をもって人生を送ることが許される社会とも考えられる。しかし世の中は、人生の起承転結の美学などない、出たとこ勝負のベンチャー社会ギャンブル社

会になってしまったようだ。

　30年前には、日本のどのような職場でも、無名性に甘んじて一隅を照らし社会を支えている高潔な人物を見いだすことができた。かつて日本の屋台骨であったそのような種族は滅んでしまったのだろうか。文脈は違うが、ワーグナーのライフワーク『ニーベルングの指環』四部作が想起される。4つの連作楽劇は、神々の血をひくヴェルズング一族の最後の一人ジークフリートの死によって結末を迎え、ヴォータンを主神とする北方神話の神々の世界も滅んでゆく。

2　付説：『方法序説』へのコメント

　本論で触れたデカルトの『方法序説』は、人間の思考の歴史における記念碑的著作である。この著作によって、人間が自分の知性によって世界を支配する力を有していることが言明された。ここから西欧の近世がはじまり、個人の人格の尊厳も確定した。文献 [dsc] においては全編で60ページ、六部に分けられており、「私は考える、ゆえに私はある」(Je pense, donc je suis) という命題は第四部に現れる。そこに至る25ページにデカルトの哲学的思索が凝縮している。

　いまや私はただ真理の探究のみにとりかかろうと望んでいるのであるから、まったく反対のことをすべきである、と考えた。ほんのわずかの疑いでもかけうるものはすべて、絶対に偽なるものとして投げすて、そうしたうえで、まったく疑いえぬ何ものかが、私の信念のうちに残らぬかどうか、を見るべきである、と考えた。(中略) それまでに私の精神に

入りきったすべてのものは、私の夢の幻想と同様に、真ならぬものである、と仮想しようと決心した。しかしながら、そうするとただちに、私は気づいた、私がこのように、すべては偽である、と考えている間も、そう考えている私は、必然的に何ものかでなければならぬ、と。そして「私は考える、ゆえに私はある」(Je pense, donc je suis) というこの真理は、懐疑論者のどのような法外な想定によってもゆり動かしえぬほど、堅固な確実なものであることを、私は認めたから、私はこの真理を、私の求めていた哲学の第一原理として、もはや安心して受け入れることができる、と判断した。
(デカルト『方法叙説』p.147–)

この単純で画期的な命題に達したのはデカルト 45 歳前後であった。フランス、ブルターニュ地方の法服貴族の出自であった青少年時代は、当時最高の学問機関であったイエズス会の学院であらゆる既成の学問を学び、30 歳前後で書物を捨て諸国の軍隊の士官に志願して、実際の世の中を見て回る暮らしに入る。

1619 年、フランクフルトで神聖ローマ皇帝フェルディナンド II 世の戴冠式を見た後の冬、軍隊から離れて田舎の村にひきこもり思索の日々を過ごす。そこで大きな発見をする。

私は終日炉部屋にただひとりとじこもり、このうえなくくつろいで考えごとにふけったのであった。さてこのとき考えた最初のことどもの一つは、多くの部分から組み立てられ多くの親方の手でできた作品には、多くの場合、ただ一人が仕上げた作品におけるほどの完全性は見られない、とい

126

うことをいろいろな方面からよく考えてみようと思いつい
たことであった。(中略) また私はこうも考えた、書物によ
る学問、少なくともその推理が蓋然的であるにすぎず、な
んらの論証ももたないところの学問は、多くのちがった人々
の意見から少しずつ組み立てられひろげられてきたもので
あるから、良識あるひとりの人が、目の前に現れることがら
に関して、生まれつきのもちまえでなしうる単純な推理ほ
どには、真理に近くありえない、と。

(デカルト『方法叙説』p.171)

その後 9 年間ドイツ、オランダ、フランス、イタリアを転々と
して研究と思索の日を何の専門職にもつかずに過ごす。1628 年
アムステルダムに無職の異邦人として定住してさらに数学、気象
学、屈折光学等の研究をしつつ、さらに哲学的考察を続ける。こ
の間、当時の学問愛好者の文通連絡網 (今日のインターネットに
よる、ヴァーチャル学会とまったく同じ機能) の発信基地であっ
たメルセンヌ神父 (メルセンヌ素数で名高い) とは連絡をとって
おり、学界的に孤立していたわけではない。1633 年上記自然科
学の三試論と方法序説とからなる著作の原稿を完成。ちょうど、
この年ローマでガリレオの宗教裁判が行われ有罪とされた。デ
カルトはこの裁判から推測して、自分の著作も法王庁から嫌疑
をかけられる危険を感じ、4 年後の 1637 年になって出版した。
上記「私は考える、ゆえに私はある」の言明に続く以下の文章
は、思索することが人間の絶対的な存在条件であることを主張
して、私にはことさら興味深い。

今日、人間の自己意識化作用のメカニズムの解明が脳科学の
大きな課題として注目されている ([nou] など参照)。その観点に

立てば、脳という物質的基礎を度外視した、一種の唯心論的な主張は大きな誤謬であると見られるであろうが、デカルトの論点の本質はそのような意識作用の機能上の基礎を云々する点にあるわけではない。

　次いで、私が何であるかを注意深く吟味し、次のことを認めた。すなわち、私は、私が身体をもたず、世界というものも存在せず、私のいる場所もない、と仮想することはできるが、しかし、だからといって、私が存在せぬ、とは仮想することができず、それどころか反対に、私が他のものの真理性を疑おうと考えること自体から、きわめて明証的にきわめて確実に、私があるということが帰結する、ということ。逆にまた、もし私がただ考えることだけをやめたとしたら、たとえそれまで私が想像したすべての他のものが真であったとしても、だからといって私がその間存在していた、と信ずべきなんの理由もない、ということ。
　　　　　　　　　　　　　　(デカルト『方法叙説』p.188)

ここでは、アムステルダムの集合住宅の一室という、物質的世界の小さな一角を占めているに過ぎない一人の人間(すなわちデカルト)が、彼の思考ないし思索によって逆に世界を包含するのだ、という、思想枠のコペルニクス的転回が語られているのである。近代の数学は、この意味のデカルト的な思想枠を基礎として成り立っていると私は考えている。

不変量

1 三笠の山に出でる月も

遣唐使安倍仲麻呂は唐の都で望郷の思いから

天の原ふりさけ見れば春日なる三笠の山に出でし月かも

と歌った。唐という異国では、見るもの聞くものすべて、母国である大和の風物とは異なっている。しかし、月そのものは唐の都でも、三笠山の丸い山容にかかって現れる大和の国でも同じに見える。この変わらない月の姿に託して、故郷を偲んでいる。奈良の都での中秋の名月に寄せたさまざまの行事なども、その折の状況や些細な出来事とともに思い起こされたであろう。もちろん、仲麻呂以前にこのような発想で読まれた月の歌はない。この歌にはそういう意味でのオリジナリティーと構想の大きさがある。それによって、一種特殊な人生を歩んでいる作者の望郷の思いの鮮烈さが伝わってくるのだ。

このように、人は状況が変わっても不変なものを梃子にして、思考したり、表現したり、感動したりする。

2 数学における不変性

　数学においても、不変性ないし不変量はさまざまな理論の決定的な鍵となる。数学とは不変量の学だといえるほど、さまざまな理論で不変性および不変量が現れる。すぐに思いつくものを挙げると
　(1) クラインのエルランゲン・プログラム
　(2) 楕円曲線の射影不変量
　(3) 整数係数 2 次形式の不変量
　(4) 位相不変量としてのオイラー数
　(5) さまざまな結び目不変量
　(6) 不変式論
などがある。

[エルランゲン・プログラムと不変性]

　(1) について述べてみよう。クラインは 1872 年 23 歳でエルランゲン大学教授となり、幾何学とは何であるか、どう研究されるべきかを就任に際してのプログラムとして大学に提出した。それは以下のように要約される。阿倍仲麻呂の和歌に匹敵するような大きな構想とオリジナリティーが感じられる。

―――――――――――――

　合同変換 (あるいはなお広く、相似変換) で変わらない図形の性質を研究するのがユークリッド幾何学であり、射影変換によって変わらない図形の性質を研究するのが射影幾何学である、というわけであるが、これを一般にして《空間 R とその上に働く (R を R 自身の上に移す) 変換群 G とが与えられたとき、R 内の図形の性質のうち G のどの変換に

よっても変わらないもの、すなわち各図形について変換群 G の不変量を研究するのが (R, G) の幾何学である》というのがクラインのエルランゲン・プログラムによる幾何学の定義である。

(以下略)

(寺阪英孝『エルランゲン・プログラムのその後』、クライン『エルランゲン・プログラム』解説 3)

───────────

なお、エルランゲン・プログラムの核心部分のクライン自身の文章は以下のようである。やや古風な表現であり、内容的には上記寺阪英孝氏の文章が簡潔で明解である。

───────────

(前略)

空間の変換の中には、空間図形の幾何学的性質をまったく変えないものがある。幾何学的性質とはすなわち概念上、その図形が空間で占めている位置にもよらず、その絶対的の大きさにもよらず、最後にその各部分が並んでいる向きにもよらないものをいう。空間図形の性質はしたがって、すべての空間内の運動、相似変換、鏡映の操作、並びにこれらすべてから結合された変換によって変わらない。そこでこれらのあらゆる変換の全体を空間変化の主群という；<u>幾何学的性質は主群の変換で変わらない。逆にまたこうもいえる：幾何学的性質は主群の変換に対する不変性によって特性づけられる。</u>

(後略)

(フェリックス・クライン『エルランゲン・プログラム』現代数学の系譜 7 (第一節、空間の変換群．主群．一般的問題の提示))

ここに言われていることを射影幾何学を例にとって述べてみる。まず、以下の事実が成り立つ (図 1 参照)。

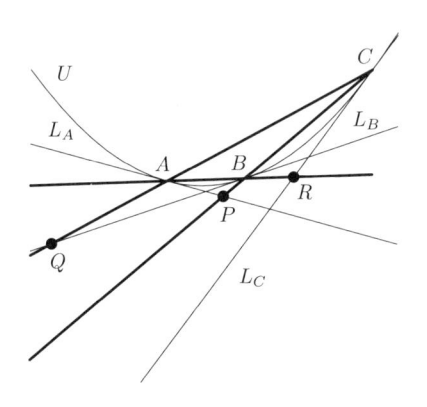

図 1 パスカルの定理の放物線ケース

命題 3 パスカルの定理の放物線の場合。

放物線 $U : y = x^2$ 上の異なる 3 点 $A = (a, a^2), B = (b, b^2), C = (c, c^2)$ における接線をそれぞれ L_A, L_B, L_C とし、L_A と直線 BC の交点を P、L_B と直線 CA の交点を Q、L_C と直線 AB の交点を R とする。このとき P, Q, R は同一直線上にある。

ここで以下のような射影変換を考える。

射影変換とは、無理に通常の平面で書くと

$$\begin{cases} u = \dfrac{a_1 + a_2 x + a_3 y}{c_1 + c_2 x + c_3 y} \\ v = \dfrac{b_1 + b_2 x + b_3 y}{c_1 + c_2 x + c_3 y} \end{cases}$$

のような (x, y) 平面から (u, v) 平面への一次分数変換であたえられるもので、この際 2 点間の距離や、2 直線の角度は保たれないが、直線は直線に変換され、2 次曲線 (円錐曲線とも言う) は 2 次曲線に写像され、直線が 2 次曲線に接しているという状況は保存される。さらに、すべての (退化しない) 2 次曲線は射影変換で互いに移りあう。たとえば、放物線 $y = x^2$ は射影変換

$$\begin{cases} x' = \dfrac{y}{x} \\ y' = \dfrac{1}{x} \end{cases}$$

によって双曲線 $x'y' = 1$ に変換され、したがって双曲線に関する同様の命題が導かれその様子は図 2 で描写される。

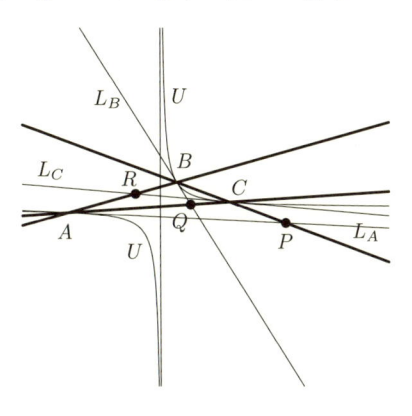

図 2 パスカルの定理の双曲線ケース

以上の考察によって、命題 3 は射影変換で不変な性質であり、

以下の射影幾何学の定理が導かれる。

定理 4 (円錐曲線に関するパスカルの定理) 円錐曲線 U 上の異なる 3 点 A, B, C における接線をそれぞれ L_A, L_B, L_C とし、L_A と直線 BC の交点を P、L_B と直線 CA の交点を Q、L_C と直線 AB の交点を R とする。このとき P, Q, R は同一直線上にある。

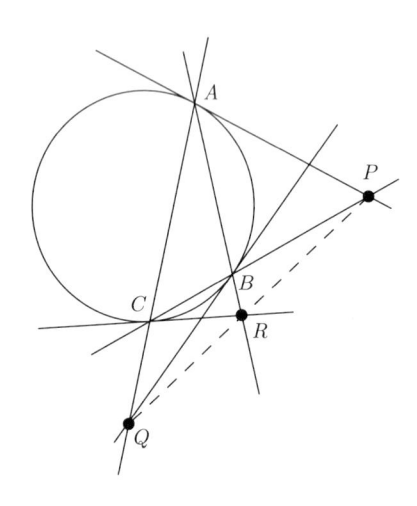

図 3 パスカルの定理

しつこく繰り返すと、この定理で主張されている円錐曲線の性質は、射影変換という変換 (群) に対して不変な性質なのである。つまり、射影幾何学というのは、射影変換で不変な性質を調べる幾何学ということになる。

このような、考え方をクラインはさらに一般的にとりあげ、考える変換群ごとにさまざまな幾何学の理論が作られることを述べているのである。

3 楕円曲線の不変量

上記の考え方の応用として、さまざまな数学上の不変量の典型とも言える、楕円曲線の不変量が導かれる。

10 個のパラメータ $a_1, \cdots, a_{10}$ で定まる (非特異) 3 次曲線

$$C(a) : a_1 x^3 + a_2 x^2 y + a_3 xy^2 + a_4 y^3 + a_5 x^2$$
$$+ a_6 xy + a_7 y^2 + a_8 x + a_9 y + a_{10} = 0$$

は楕円曲線とよばれる。

この係数 $a_1, \cdots, a_{10}$ は複素数で、図形 $C(a)$ も複素射影平面にあるのだが、実係数とすれば、実平面にその実数部分が現れて考えやすい。これらは (複素) 射影変換 T によってルジャンドル標準形

$$E(\alpha) : y^2 = (x - \alpha_1)(x - \alpha_2)(x - \alpha_3)$$

に変換されることが知られている。$\alpha_1, \alpha_2, \alpha_3$ が異なるときこれは非特異である。$E(\alpha)$ 上にある無限遠点から $E(\alpha)$ に 4 本の接線 $x = \alpha_1$, $x = \alpha_2$, $x = \alpha_3$, $x = \infty$ が引ける。それらと直線 $y = 0$ との交点 $\alpha_1, \alpha_2, \alpha_3$ および無限遠点 ∞ の非調和比

$$\lambda = (\alpha_1, \alpha_2, \alpha_3, \infty) = \frac{(\alpha_1 - \alpha_2)(\alpha_3 - \infty)}{(\alpha_1 - \alpha_3)(\alpha_2 - \infty)} = \frac{\alpha_1 - \alpha_2}{\alpha_1 - \alpha_3}$$

が定まる。このことを $E(\alpha)$ を勝手に射影変換した楕円曲線 $C(a)$ に移して考える。$C(a)$ の変曲点の一つから $C(a)$ に四つの接線が引かれる。そのうちの 1 本は変曲点における接線そのものであり、他に三つの接線が得られる。この三つの接線の接点 $\alpha'_1, \alpha'_2, \alpha'_3$ を結ぶ直線 L' が定まる。L' は変曲点での接線との交点 ∞' をもち、これら L' 上の 4 点の座標から定

まる非調和比をつくったものが射影変換にはよらず、つねに最初の λ と一致する！

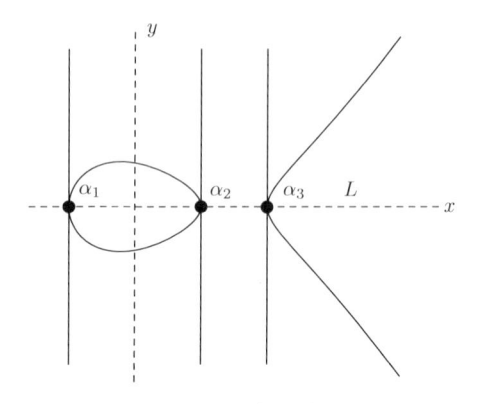

図 4 楕円曲線の標準形 $E(\alpha)$ と無限遠点から引いた 4 接線、4 本目の接線は無限遠直線なので画面に現れない

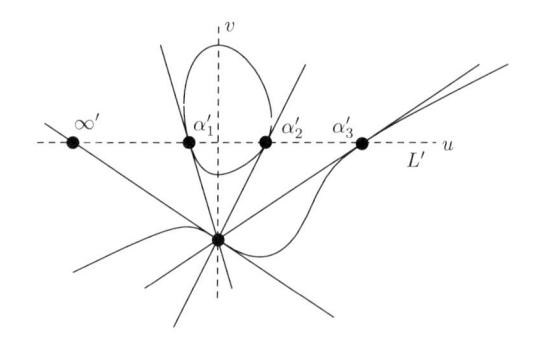

図 5 $E(\alpha)$ を射影変換した例

実際、このことは、"非調和比が一次分数変換で不変である" という初等的な性質から導かれる (くわしくは複素関数論における一次変換の性質を参照)。したがって、2 つの楕円曲線が射影変換で移りあうなら両者の λ の値は一致する (ただし

$\alpha_1, \alpha_2, \alpha_3$ の順番を与える際の任意性を考慮する)。さらに、射影変換で移りあわなければ λ の値が異なることも、標準形で見れば容易に分かる。

こうして、与えられた楕円曲線から計算される λ という値は、一見複雑に見える楕円曲線の射影同値類を一発で識別する"不変量"であることが導かれる。さらに、楕円曲線の不変量と関わる数学の理論があきれるほどいっぱいあり、それらは、どれも第一級の重要性をもっているのである。このように、数学においては"不変なもの"を梃子に、対象を構造化して理解してゆく。

4　マドレーヌの記憶

文学の世界に於いても、"時間の推移に関して不変なもの"が物語の展開の大きな契機を与える。マルセル・プルーストの『失われた時を求めて』に出てくるプティット・マドレーヌの話は大変有名だが、それは、紅茶に浸したマドレーヌについての延々6ページに渉る回想の記述である。それだけで、短編の名作としての価値がある。あまりにもすばらしい文章なので抜粋をつけた。

(作者の分身マルセルは幼い頃、復活祭の時期に毎年パリ郊外の小さな邑コンブレーに滞在する。そのころの事と言えば、毎晩一人自室で就寝するつらい記憶ぐらいしか、成長した今では残っていなかった。)

私の就寝の舞台とドラマ、私にとってそれ以外のものが、コンブレーから、何一つ存在しなくなって以来、すでに多くの年月を経ていたが、そんなある冬の日、私が家に帰ってく

図 6　マドレーヌと紅茶

ると、母が、私の寒そうなのを見て、いつもの私の習慣に反して、すこし紅茶を飲ませてもらうようにと言い出した。はじめはことわった、それから、なぜか私は思いなおした。彼女はお菓子を取りにやったが、それは帆立貝のほそいみぞのついた貝殻の型に入れられたように見える、あの小づくりでまるくふとった、プティット・マドレーヌとよばれるお菓子の一つだった。そしてまもなく私は、うっとうしかった一日とあすも陰気な日であろうという見通しにうちひしがれて、機械的に、ひとさじの紅茶、私がマドレーヌの一切れをやわらかく溶かしておいた紅茶を、唇にもっていった。

しかし、お菓子のかけらのまじった一口の紅茶が口蓋に触れた瞬間に、私は身震いした、私のなかに起こっている異常なことに気がついて。すばらしい快感が私を襲ったのであった。孤立した、原因のわからない快感である。その快感は、

たちまちに私に人生の転変を無縁のものにし、人生の災厄を無害だと思わせ、人生の短さを錯覚だと感じさせたのであった、あたかも恋のはたらきとおなじように、そして何か貴重な本質で私を満たしながら、というよりも、その本質は私のなかにあるのではなく、私そのものであった。私は自分をつまらないもの、偶発的なもの、死すべきものと感じることをすでにやめていた。一体どこから私にやってくることができたのか、この力強いよろこびは？

(マルセルは、その原因が何か過去の記憶に関係していることに気づき、その記憶を自分自身に問いかけ、しばし3ページにわたってそれをつきとめる努力を続ける、そして)

突如として、そのとき回想が私にあらわれた。この味覚、それはマドレーヌの小さなかけらの味覚だった、コンブレーで、日曜日の朝 (というのは、日曜日はミサの時間になるまで私は外出しなかったから) 私がレオニー叔母の部屋におはようを言いに行くと、叔母は彼女がいつも飲んでいるお茶の葉または菩提樹の花を煎じたもののなかに、そのマドレーヌをひたしてから、それを私にすすめてくれるのであった。プティット・マドレーヌは、それを眺めただけで味わってみなかったあいだは、何も私に思い出させなかった、というのも、おそらく、そののちしばしば菓子屋の棚でそれを見かけたが、食べることはなかったので、それの映像がコンブレーのあの日々と離れて、他のもっと新しい日々にむすびついてしまったからであろう、

(中略)

しかし、古い過去から、人々が死に、さまざまなものが崩壊したあとに、存続するものがなにもなくても、ただ匂い

不変量　139

と味だけは、かよわくはあるが、もっと根強く、もっと形なく、もっと消えずに、もっと忠実に、魂のように、ずっと長い間残っていて、他のすべてのものの廃墟の上に、思い浮かべ、待ちうけ、希望し、匂いと味のほとんど感知されないほどのわずかなしずくの上に、たわむことなくささえるのだ、回想の巨大な建築を。

(そして、叔母の家とその周囲の記憶が蘇り、そのようすが魅力的に記述されるが略す)

そしてあたかも、水を満たした陶器の鉢に小さな紙切れをひたして日本人がたのしむあそびで、それまで何かはっきりわからなかったその紙切れが、水につけられたとたんに、のび、まるくなり、色づき、わかれ、しっかりした、まぎれもない、花となり、家となり、人となるように、おなじくいま、私たちの庭のすべての花、そしてスワン氏の庭園のすべての花、そしてヴィヴォーヌ川の睡蓮、そして村の善良な人たちと、彼らのささやかな住まい、そして教会、そして全コンブレーとその近郊、形態を備え堅牢性をもつそうしたすべてが、町も庭もともに、私の一杯の紅茶から出てきたのである。

(マルセル・プルートス『失われた時を求めて』I, p.74–79)

こうして、マルセルの記憶の中に変わらずに残っていた"マドレーヌの思い出"から、長編『失われた時を求めて』の三分の一を占める、「第一篇スワン家の方」の物語が水にもどされた日本の"水中花"のように生き生きと蘇ってくるのである。

プルーストは、その舞台となった架空の邑コンブレーを、祖父

の村イリエ (Illier) をモデルに描き出し、実在の村よりも確固とした存在とした。現在では、シャルトルの南西 20 km にあるこの邑はイリエ＝コンブレー (Illier-Combray) となって地図上に現れている。

　このように、数学においても、文学においても、"不変なもの"の周りを巡って人は思考し創造し続けている。今日のようにすべてのものごとが、めまぐるしく変転する以前には、そのような不変性に人は大きな価値をおいて生きてきたように思われる。

予定調和

「予定調和」とは、18世紀初頭ライプニッツが考え出した世界像である。文献 [leib] に、そのエッセンスが見らる。また、16世紀には宇宙は調和を奏でていると考えられていた（[hen] および [hue] 参照）。しかし、今日の世界から「調和」は失われてしまった。機会があれば失われた「調和」を回想したい。

小芸術家たち

　私は、数学で世の中を渡ることにはなっているが、とうてい生粋のプロとはいえない。大変アマチュアっぽいプロである。それは、数学だけで研究の動機をつくるという方法ではなく、芸術などを研究の方法論的糧にするという、俗っぽい手段で数学をすることにもつながる。しかし、このようにして、数学以外の世界の手法を取り入れながら研究をするということは、一方では人生の醍醐味でもあり、他方、数学という学問の自由性の現れでもあると思っている。

　したがって、私にとって芸術は単なる趣味ではない。大なり小なり自分の学究生活とのつながりを持っている。もちろん"大芸術家"も好きだが、特に数学者としての自分に引き比べて親しく感じるのは、価値ある小芸術家たちである。大天才の周囲に、数は少ないが佳作を残してその分野に独自の寄与をした小芸術家たちが存在し、彼らによってその芸術は厚みを増すのである。私が熱愛しまた傾倒し、自分の数学者としての創作にも影響を受けた小芸術家を論じてみる。

1　パルミジャニーノ

　パルミジャニーノ (1503-1540) はその名の通りチーズで名高い北イタリアパルマの出身で、18 歳のとき奇妙なフォルムと端正な容貌の『凸面鏡の自画像』を描いた。それがラファエロとダヴィンチに代表されるルネサンス絵画の古典時代の終焉を告げ、それに代わるマニエリスムの時代の幕開けとなったと言われている。20 歳のときその『凸面鏡の自画像』(ウィーン、美術史美術館蔵)、『聖家族』(マドリッド、プラド美術館蔵)、と『イエス割礼の図』(デトロイト美術館蔵) の 3 作をひっさげてバチカンに自らを売り込みに出かけた。時の教皇クレメンス VII 世 (フィレンツェのメジチ家出身) もこの美貌の若者の異才を認め、すぐに三作ともすべて買い取った。クレメンス VII 世は、彫金とブロンズ彫刻に腕を揮ったベンベヌート・チェッリーニ のパトロンでもあったが ([celli] 参照)、新しい芸術家の才能を自力で判断し、登用する果断が見事である。このようにして彼は世に出たが、若死にしたせいもありその作品はそれほど多くない ([gou] 参照)。しかし、一作一作が独特の光芒を放っている。私が見た中で彼の傑作を少し挙げる。

　ドレスデン美術館の至宝『薔薇の聖母子』。

　これは、聖母子を描きながら実はビーナスとキューピッドを暗喩していると、若桑みどりさんが鋭く指摘している ([wak] 参照) ように、大変妖しい。しかも、フォルムも色彩も尋常でない聖母像である。絵画史的分岐点を印す重大な意味をもった作品だが、正直のところ作品としてはあまり面白いとはいえない。むしろ、それに先駆して描かれたロンドン・ナショナルギャラリーの『聖ヒエロニムスの夢』の方が、構図やポーズ、光線などの工夫が豊富で私には興味深いが先を急ごう。

ナポリ・カポディモンテ絵画館の"貂の襟巻きをした女の肖像(Antea)"。

　これは画家と、美しい高貴な身分のモデルとが視線に火花を散らして対峙していることがひしひしと伝わる希有の肖像画である。たとえば、スタンダールの小説『赤と黒』の女主人公マチルド・ド・ラ・モールのような誇りに満ちた人物が、若く貴公子然と構えて自分の才能に自信を持って描いている画家の視線をはねつけながら立っているのである。左右の肩幅を敢えてアンバランスに描いて、見る者の目をあざむいている画家のテクニックも凄みを感じる。

ウィーン美術史美術館の『凸面鏡の自画像』

　世の中には、自画像の傑作が数々ある。ゴッホの、耳に包帯をした自画像。レンブラントの、若者だった時のと老年の自画像。デューラーの、自分をキリストに見立てた不敵な自画像。それらは、どれも剛速球となって胸を打ち強く印象に残る。それに比べるとパルミジャニーノの自画像は、チェンジアップの落下放物線を描いて記憶の引き出しに落ちてくる。この作品は、画家の内面を強く表現するという意図を持たない。そして、そのことによって20歳の青二才が、大きく凸面鏡で拡大された右手で、終わろうとするルネサンス巨匠時代に平然と引導を渡している。盛期ルネサンスを形成したダ・ヴィンチ、ラファエロ、ミケランジェロの芸術が一種の精神主義であったのに対し、彼は、色彩も形態も解体して情操表現そのものを絵画から捨象する第一歩をここから踏み出した。

　パルミジャニーノの作品に接した瞬間にいつも感じるのは、この画家の独特の"筆捌きの冴え"である。たとえば、フィレンツェ・ウフィッツィ美術館の、ヴェロッキオの描く『洗礼者ヨハネ』に弟子だった少年ダヴィンチが天使を描き添えた有名な作品

小芸術家たち

図1　パルミジャニーノ『Antea』1535年、部分 (ナポリ、カーポ・ディ・モンテ絵画館)

があるが、そこには、私の言う"筆捌きの冴え"が如実に表れている。私が見た多くの絵画作品の中で、この意味でダヴィンチに匹敵する筆捌きの技巧を持っているのはパルミジャニーノただ一人である。ダヴィンチの筆の冴えが一種の非人間的な冷たさ、宇宙的な森厳さを伴っているのと似て、パルミジャニーノのひきしまった絵画空間にも、甘美なもの、ヒューマンなものを拒絶した冷ややかな美がある。私が強くこの画家に惹かれるのは、冴

図 2　デューラー『自画像』1500 年 (ミュンヘン、絵画館 (アルテ・ピナコテーク))

え渡った筆の背後に、冷ややかで完璧な美のイデアを感じるからである。それをもってしても彼は数ある古今の大画家たちの中ではマイナーな存在であるが、マニエリスム芸術の地平を切り開いた少数の佳作によって絵画史の星座の中で不動の輝きを放っているのである。

2　中島敦『名人伝』

今日では、文学も大衆消費文化に組み入れられて、古今の傑作を深く読み味わうという風習は失われてしまった。敢えて、私が

図3　パルミジャニーノ『凸面鏡の自画像』1521年（ウィーン美術史美術館）

熱愛し、不滅の短編と思っている作品を少し取り上げてみたい。第一は中島敦の『名人伝』である。古代中国合従連衡の時代の小国邯鄲の都を舞台に、弓の名人紀昌という架空の人物が活躍する。邯鄲という地名からは、唐代の伝奇「邯鄲の夢」が連想され、それだけでなんでもありのあやしい雰囲気が漂う。果たして、痛快な綺想と虚構と誇張の上に、東洋の心技一体の技芸の理想が明快な発想で描かれる。

　弓の名人を志した紀昌は、当代一の達人飛衛を訪ねて入門する。手始めに目を瞬かない修行だけを2年間続け、やがて開いたままの上下のまつげの間にくもが巣をつくるに至る。次いで的を大きく見るための目の修行に入る。しらみをとらえて髪の毛

で窓辺に吊るして、部屋の端から凝視しつづけること3年。遂にしらみが馬ほどの大きさに見えるようになる。最早、的をねらえば百発百中であった。さらに数年の荒行を積み、師飛衛をも越えようかというほどの技量となった。ある日、紀昌はこの師を除いてしまえば自分が当代第一の名手になれると考え、都の郊外で師と行きあった折に、弓で射殺してしまおうと矢を放つが、応戦した師の矢とことごとく空中で相打ちになって果せなかった。両者はお互いの技量をたたえあってあっけらかんと和解するが、師は、彼らの技では、西方の山中に住まいする仙人甘蠅（かんよう）老師に較べれば、まだ足下にも及んでいないことを教える。半信半疑の紀昌は自分の技を披露して競うべく、西に向かって旅立ち、険しい山中の道を登り甘蠅老師に相見える。

　気負い立つ紀昌を迎えたのは、羊のような柔和な目をした、しかし酷くよぼよぼの爺さんである。年齢は百歳も超えていよう。腰の曲がっているせいもあって、白髯は歩く時も地に曳きずっている。

　相手が聾かも知れぬと、大声に慌ただしく紀昌は来意を告げる。己が技の程を見て貰いたい旨を述べると、あせり立った彼は相手の返辞も待たず、いきなり背に負うた楊幹麻筋の弓を外して手に執った。そうして、石碣の矢をつがえると、折から空の高くを飛び過ぎて行く鳥の群に向かって狙いを定める。弦に応じて、一箭忽ち五羽の大鳥が鮮やかに碧空を切って落ちて来た。

　一通りできるようじゃな、と老人が穏やかな微笑を含んで言う。だが、それは所詮射之射というもの、好漢未だ不射之

小芸術家たち　　149

射を知らぬと見える。

(中島敦『李陵、山月記』p.22, 23)

―――――――――――――――

　こうして、甘蠅老人は紀昌を千仞の谷に臨む絶壁に導き、崖っぷちの石の上に立って、不射之射という恐るべき神技を彼の眼前で見せた。老人は、弓も矢も用いずあたかも弓を持ち矢をつがえて放つが如き動作で、天高く飛ぶ鳥を射落としたのであった。

　紀昌はこの老人の下で歳月を過ごすことを決意した。音沙汰が絶えて十余年の後、紀昌は邯鄲の都に帰ってきた。しかしその顔つきは一変していた。以前の精悍で不敵な面構えは消え、その姿はどこか魂を無くした痴呆者のようにも見えたが、都では弓の名人紀昌帰還の噂がさざなみのように伝わっていった。やがて、国王の使者として邯鄲政府高官が帰還した紀昌の家を表敬訪問する。使者は客間に通され、そこで古びた弓が飾られているのをみて、話の糸口にその弓のことを尋ねるが、名人紀昌はすでに弓という道具の存在すら忘れ去っていた。

　使者は、想像を絶する紀昌の境地のものすごさに恐怖し、早々に屋敷を辞して帰っていった。

　この事件がまた噂となり、邯鄲の都では絵師は自らの技の未熟を恥じつつ、絵筆を画室から隠し、仏師はノミを隠したという。

　岡倉天心は東大在籍中にフェノロサに師事し、日本美術の価値を教えられ、伝統美術再興の志をもって東京美術学校 (現東京藝術大学) 開設と初期の運営に当たり、当時の文明開化、欧米様式一辺倒の流れに抗して日本伝統美術の復活を成し遂げた人物である。その後、彼は美術学校校長の地位から放逐され、支持者であった横山大観、菱田春草、平櫛田中らを率いて日本美術院を

設立し、一時期茨城県の絶景の地五浦海岸の別荘に活動の拠点を移している。現在でも、五浦の地は日本ナショナルトラストの保護のもとに、当時の面影が残されている。

当地の記念館に岡倉に師事した木彫家、平櫛田中 (ひらくしでんちゅう) による傑作『活人箭』が展示されている。弓を引く剃髪した僧形の人物の彫刻である。当初、平櫛はこの彫刻を実際の弓を持った像でつくったが、岡倉が、"そんなひ弱な弓では瀕死の豚も射殺せない" と批評し、平櫛は発憤して弓なしで、弓を引いている迫力ある作品に作り直したことが解説されている。

同記念館の解説文では以下のように書かれている。

明治41年、日本彫刻会に出品されたこの活人箭は、若手木彫家のホープだった田中が天心に認められるきっかけとなった作品である。この時期には西山禾山 (かざん) 和尚の影響を受け、禅などの精神性をテーマにした作品が多かった。もともと活人箭のオリジナルは現在の姿ではなく、天心が見た活人箭は、箭 (や) をつがえた弓を手にして構える姿だった。それを日本彫刻会展の最優秀と天心は認めるのだが、後日厳しい批判をする。「『あの弓と箭はいりません。あんなものを附けてもじきに失ってしまいます。只これだけでよろしい』と袖をまくり、左手を突出し、射る姿をされ『すーっ』といって上半身と共に両手を左方に、矢が風を切って飛ぶ勢を示され、『これでよろしい。私もフランスでロダンに会いました。偉いじいさんです。ロダンはこれをやって居ります。あんな姿では死んだ豕でも射れやしない』」
(平櫛田中「岡倉先生」平凡社所収)

(茨城大学五浦美術文化研究所ホームページの解説から)

小芸術家たち

図4　アントワーヌ・ブールデルの『弓を引くヘラクレス』

ここでも"不射の射"が語られているのである。

弓を引く彫刻ではアントワーヌ・ブールデルの『弓を引くヘラクレス』(パリ、ブールデル美術館所蔵)が名高いが、その彫刻がギリシャの明るい空の下で永遠を的にしているかのような広がりを持っているとするなら、平櫛には求道者の気合いが満ちている。

岡倉と中島の間に直接の交流はなかったのであろうが、期せ

ずして、東洋の技芸の神髄を弓を通じて看破していたことが興味深い。

3　マルグリット・ユルスナール『老絵師の行方』

　20世紀の傑作『ハドリアヌス帝の回想』の作者ユルスナールを小芸術家の中に入れるのは問題だが、珠玉の短編ということで取り上げることにする。

　長安の都の若者玲 (りん) はたまたま居酒屋にいた老絵師汪佛 (わんふお) に出会い、絵画によって、現実は現実以上の美しさになることを教えられる。

　老絵師に傾倒した彼は、汪佛を自邸に招きしばし滞在させる。玲の美しい妻を汪佛が描いたとき妻は泣いた。それは、若者が現実の妻以上の美しさを絵の中に見いだすのを知っていたからであった。妻は程なく自ら命を絶つ。身よりのなくなった若者は、各地を描き歩く老絵師と一緒に諸国を彷徨う暮らしに入る。あるとき、皇帝の配下が旅先の宿にやってきて、二人は拘束され宮殿へと連れて行かれる。皇帝は、先代皇帝の意志に従って若くして現実の世界から隔絶され、この世界が純化された極みを映している汪佛の絵のみに囲まれて育ったのであった。

　中国では純銀の器が珍重され、銀器商人は自分の後継者になる息子を銀器だけを用いる環境で育て、それによってまぜものの銀器に接したときに瞬時に分かるように教育する。この物語の皇帝も、そのように純化された世界だけに囲まれて帝王教育されたのであった。

　こうして、人となった皇帝が現実の世界を見たとき、それは自分が育ってきた虚構の世界の単なる薄汚れた影でしかなく、その世界を支配する皇帝は、老絵師汪佛の支配している至純の世界

とは比べものにならない無価値な領土の所有者に過ぎないことを知らされた。

　皇帝は汪佛に報復するために彼を宮殿に拉致し、所有の絵画の中で未完成の山水一点を完成させ、そののち汪佛の視力を奪う命令をくだしたのであった。汪佛のまえに、若き日に描いて未完であった彼の作品が持ち出される。顔料を砕いて水に溶き汪佛は一心に絵を描き始める。どれ程かの時が経ち、宮殿は静けさに包まれ、やがて敷石の上には水が現れ、それがひたひたと水かさを増し、やがて衛兵は水中に沈んでゆく。僅かに皇帝の翡翠の玉座だけが水面の上にでているばかりとなった。静かな櫂の音が聞こえてきて、どこからともなく、先ほど老絵師をかばって斬殺された若者の漕ぐ小舟が現れた。老絵師はその小舟に移り、若者と一緒に絵画の中自らが描いた水面をすべって遠ざかってゆく。やがて宮殿の水も次第に引いて行き、完成された山水の遠い岬にその小舟はさしかかり、岬をまわると画面からも消え去っていった。

　フランスは、ギリシャ・ローマ文化の正統の後継者であることを自認する。古代ローマにおいて、ガリアを支配下に入れたシーザーが賢明な統治施策として、真っ先にガリア人にローマ市民権を与えたのであったが、逆にガリア人、すなわち今日の北フランスの人、は積極的にこの考えを自らに内化して受け入れ、その後長くギリシャ・ラテン文化の政治的、文化的継承者としての役割を果たし続けた。このような文化的伝統に沿って、彼らはつねに純粋思念の学芸を重んじてきた。それは、プラトンのイデア論の系譜上に自分たちの世界観あるいは哲学を形成してきたということもできるだろう。「私は考える。だから私は存在するのだ。」("推論"の段、参照)という命題を発見したデカルトは、その意味でフランス的思想の典型であり、数学の価値を重んじ

るというフランスの社会的習慣もまたそこに発している。この
ユルスナールの短編にもその伝統が生きている。"絵画という現
実を純化した美、すなわちイデアの世界、が広大な王土の価値
に勝る"というテーマが美しい比喩を連ねて語られているが、そ
れが東洋的な味付けで描かれているのも一層興味深い。老絵師
一行が拉致され王宮で皇帝の前に出る場面を引用する。

　彼らは王宮の入り口に着いた。紫色の城壁は、白昼、黄昏の裳裾のごとくそそり立っていた。兵士らは汪佛に無数の広間を横切らせた。方型あるいは円型のそれらの広間は、それぞれの形によって四季、方位、雌雄、長寿、王の大権等を象徴していた。扉はいずれも楽音を発して回転し、宮殿を東から西へと進みゆけば、おのずからすべての音階を通過するように扉が配置されている。すべてが権力と超人的巧妙の観念を与えるべく協和し合っていて、いかに些細なものにせよ此処でひとたび発せられた命令は、遠い祖先の智慧のように決定的で畏るべきものにちがいないと感じられるのであった。やがて空気は希薄になり、沈黙はいやがうえにも深まって、死刑に処せられる者ですらあえて叫びをあげられまいと思えるほどになった。一人の宦官が重々しい帷りを掲げた。兵士らは女のようにおののき、この小さな一団は天子の在す(おわす)広間へと入っていった。

　そこは壁のない吹き抜けの広間で、青石の太い石柱に支えられていた。大理石の列柱の反対側に庭園がひろがり、その木立に植えてあるのはいずれも海の彼方からもたらされた珍奇な花々であった。しかしどの花も匂いがなかった。芳し

い香によって皇帝の瞑想が擾 (みだ) されるのをはばかって
である。帝の想念の浸る静寂を重んずるあまり、王城の中に
は一羽の鳥も棲むことを許されず、蜜蜂さえも追い払われて
いる。死んだ犬や戦場の屍の上を吹きすぎる風が袞龍 (こん
りょう) の袖をかすめることのないように、巨大な城壁が外
界から庭園を距てているのだ。

(マルグリット・ユルスナール『東方奇譚』p.18, 19)

このような文章に接するとき、私は、文学もまた現実世界を
越えた価値を有していると感じ、虚構の世界のリアリティーに
浸る愉悦を味わうことができるのである。

4 アナトール・フランスの『タイース』

シリアからエジプトにかけての一帯は、初期キリスト教時代、
後にカソリック教会から異端とされるグノーシス派を中心とす
る修道僧たちが多く住み着いていた ([ara] 参照)。アナトール・
フランスはこの時代に舞台を設定し、豊富な古代知識を駆使し
て異色の短編『タイース』を書いた。

アタナエルは、砂漠地帯の洞窟に点々と居を構える修道僧集
団にあって、その修行の厳しさ影響力の大きさによって他の修道
僧たちから一目置かれていた。彼を越える人物としては一人老
アタナシウスがいるのみであった。彼アタナエルは、アレクサン
ドリアに生まれ、当時のオリエント世界第一の華やかな都で若
き日を無頼と放蕩のうちに過ごしたが、聖アウグスチヌスがそ
うであったように、一転キリストの教えに帰依する。彼は都を

去り、苦行僧となって砂漠に出没する誘惑の悪魔との厳しい対峙の生活に入ったのであった。ある晩、夢の中にアレクサンドリア第一の舞姫にして娼婦のタイースの姿が現れる。アタナエルは、タイースをその汚れた生活から救い、イエスの僕として修道生活に向かわせる使命が神から与えられたと考え、仲間の修道僧たちに別れを告げてアレクサンドリアへの道をふたたび辿ってゆく。アレクサンドリアでタイースのパトロンになっていたのは、かつての学友で遊び仲間でもあったニキアスであった。彼はギリシャ的教養にあふれ、現実謳歌の生活をその瀟洒な邸宅で送っていた。アタナエルがその屋敷を訪ねると、ニキアスは喜んで旧友アタナエルを迎える。その日は折しもニキアスがタイースと交わした仮の恋人同士の約束が終わる日、豪華な別れの宴が開かれる。彼は衣裳も与えてアタナエルを宴席に伴いタイースに紹介する。その宴の後、アタナエルは、夕暮れに一人タイースのヴィーナスの館を訪ねる。タイースは自分の邸宅の中庭で香を焚き、花々に囲まれてまどろんでいる。それが、マスネーの名作オペラ『タイース』の中の有名な瞑想曲の場面である。彼はタイースにキリストの教えを説き、真実の愛について語り、皇女アルビーヌが創始した修道院に入ってイエスの愛によって生きる生活に入るように薦める。最初はからかって相手にしなかったタイースが次第に心を動かされ、ついに虚飾をすべて捨て去って尼僧院に入る決心をする。足に血を流しながら慣れない旅を続け、タイースはアタナエルにみちびかれて砂漠の尼僧院に辿り着いた。こうしてアタナエルは、タイースをイエスに捧げるという神の使命を果たしたのだが、彼の言葉と使命とは裏腹に、それまでの厳しい修行にも関わらず自分自身タイースの美しさの虜になってしまう。

　アタナエルは再び砂漠にもどり、タイースの面影を消すために

以前にも増して苛烈な修行生活に入る。ついには、古代遺跡の高い石の柱の上に上ったまま降りずに修行する荒行の日々を送り始める。こうして、彼は伝説的柱頭修行者となり、世界各地から、アタナエルの姿を見上げるための見物人が押しかけ、周辺は市をなすまでになる。

しかし、そのような修行はすべて無駄であった。一生をかけた修行もタイースの面影には勝てず、ついに、アタナエルはタイースの面影にとりつかれた妄執の化身と成り果てる。

作曲家マスネーは、この短編をオペラ化して希有の美しさを持った作品にした。歌詞も美しく、非現実的なまでに凝縮されたストーリーが、独特の透明感と相まって近代フランス音楽における傑作となっている。上演の機会の少ないのが惜しまれるが、ヴェネチア・フェニーチェ劇場による制作公演の舞台が DVD になっている。そのオペラ中の白眉がさきのタイースの瞑想曲の場面である。

5 藤原雅経

藤原雅経 (1170-1221) は、若いときには花山院の釣殿に寓居し、毎日賀茂神社に参詣して和歌を奉納していた。それを賀茂の明神が知って社司をつかわしてそのことをよしとしていることを告げたとか。左近衛少将から参議に進む。後鳥羽上皇の命で定家らと新古今和歌集の選者となる。蹴鞠の達人でもあった。『百人一首一夕話』(岩波文庫) によると、そのようなことが書いてある。

私が、この人物に興味を持つのはもっぱら彼が詠んだ歌に特徴があるからである。新古今に 22 首入っているが、戀の歌は凡庸である。

新古今74番 春：しら雲のたえまになびく青柳の葛城山に春風ぞ吹く

などと、春の歌も生ぬるい。ところが、彼の冬の歌は突然冴え出す。

新古今604番 冬：秋の色をはらひはててや久堅(ひさかた)の月のかつらに木枯(こがらし)の風

紅葉も散り果てて裸形となり、その桂の木立が月の前であたかも月世界の樹木のようにひさかたの月光に照らされ、木枯らしに巻かれているという叙景の歌である。発想の新奇さが、これから冬に向かってゆく季節感と相まって私には心地よく響く。連綿と続く戀の歌の中で、これは定家とは別の新古今的な新鮮さを見せている。

新古今561番 冬：うつりゆく雲に嵐の声すなり散るかまさきのかづらきの山

葛城山はふもとに当麻寺を擁し、中将姫伝説と当麻曼荼羅で名高い、多くの物語を連想させる山である。その葛城山の低い山容の上を、冬の空一杯に怪しい雲が動いてゆく、突然風を巻いて冬の嵐が通りかかり、枝に残っていた正木の葉がいっせいにざわめきながら払われてゆく。その様を、"散るかまさきのかづらきの山"といい、"かづらき山のまさきが散っているのだろうか?"というべきところを語順を逆転することによって、横っ飛びの落ち葉の大群の勢いを彷彿させている。

くれなひに血汐や染めし山姫の紅葉襲(もみじがさね)の衣手の森

小芸術家たち

私には、所載不明である。一度どこかで目にした歌だが、その鮮やかさが強烈な印象でそのまま記憶に残ってしまっている。衣手の森は、嵐山の南松尾大社近く、紅葉の名所だったところで、この森自身は今は消失しているが、近くには現在でも紅葉の名所が多い。その紅葉は度々歌に詠まれている風景である。平安時代の

　山姫のもみじの色をそめかけて錦とみする衣手の杜 (もり) (相模)

などがその代表。しかし、雅経はありふれた題材を伝統を破る鮮烈さで歌う。紅葉襲ね (もみじがさね) という字面で衣手の杜の紅葉を表現しながら、同時に、襲ねの色目としての紅葉、すなわち表地も裏から出す第二の色も赤である、によって赤さも紅い衣裳を指し示している。"衣手"という地名を捉えて、辺り一帯の山裾の紅葉は山姫の衣裳なのだと大胆に形容し、それが山の女神の血汐で染められてこんなに紅いのだろうか？と奇抜な発想で、刷毛で掃いたような杜全体の赤さ形容している。"燃えるような"という形容、あるいは"血汐紅葉"という名称はあるが、山全体を血のくれないで形容するというのが尋常でなく、秋靄が降りてきてひんやりとした静寂な空気の中で夕映えている紅葉の派手な美しさを綺想の重複によって触覚的に表現している。見過ごせない歌人なのである。

小倉百人一首、第九十四番：
　　みよしのの山の秋かぜ小夜ふけて
　　　　ふるさと寒く衣うつなり
　　　　　　　　藤原　雅経
第九十三番：

世のなかはつねにもがもな
　　渚こぐあまの小舟の綱手かなしも
　　　　　　源　実朝

　小倉百人一首の選者藤原定家は、百首の歌を50の対にして、山荘の唐紙に貼って遊ぶ目的であった。もともと遊びで選んでいるのであるから、一首ずつがそれぞれの歌人の代表作というわけではない。定家はそれぞれの対に独自の意味を付与して、この百人一首によって新しい和歌の世界を示した、という。(安東次男氏の『百首通見』による)

　とりわけ、上記の雅経と実朝の歌の組み合わせは、興味深くまたすばらしいので、ここで少し脱線して紹介する。

　実朝 (1192-1219) は、もちろん鎌倉幕府三代将軍である。28歳の正月、鶴岡八幡宮に参拝した折、刺客の凶刃にたおれて世を去っている。歌は20歳前後に詠まれている。藤原定家を和歌の師として、東国にあって京の文化を熱心に学んだ。古今風の雅な歌風ではなく、万葉集に通ずるますらおの雰囲気がいつも漂う。歌人自身の最期と思い合わせて、実朝の歌にはいつも悲劇的なトーンが流れているように思われてしまう。

　和歌の言葉は現在われわれが用いている日本語とは若干の意味のずれがあるが、この歌を口ずさむと若者らしい直線的な叙情性と、さらに、あてどなく身も心もさまよっている気分が伝わってくる。"かなし"という言葉は、今日の"悲しい"を意味せず、一種の詠嘆を表すのだが、それでも作者は大変孤独で、眼前の風景にその有り様を映し出しているように見える。和歌のジャンルから言えば羈旅歌 (旅の途中の歌) に属する。

　今日われわれは、旅に出て海辺を歩き、土地の漁師が小舟を操って手網で魚を捕っている、などという平穏な風景には出会わない。たまたま数年前パドヴァ大学で仕事をしていた時期、休日

にヴェネチアに出て、さらに沖合の漁師の島ペレストリーナまで足を伸ばしたとき、昼下がりの明るい空の下考えごとをしながらゆっくりと岸辺で歩みを進める私の目の前で、漁師が投網をたぐって漁をしてしているのを眺めるともなく目にしていたことが思い出される。私自身の中では、そんな異郷で目にした旅の風景がこの実朝の歌と分ちがたく結びついてしまっている。

　安東次男氏によると、日本における羇旅歌の伝統では、"旅にあって都に思いを馳せる"というのが、約束事になっていたという。実朝のこの旅の歌はその約束に反して、世の行く末はどうなるのであろうか、また自分の行く末は？と茫漠とした未来を歌い、行ったきりで帰る当てのない荒涼とした旅心を歌っている。

　定家は、この破格の羇旅歌と雅経の歌とを組み合わせた。

　"みよし野"とは遠い飛鳥時代の天武天皇、持統天皇の故地、吉野であり、飛鳥よりもさらに奥まった地で、同時に桜の名所でもあり、今も昔も日本人の心のふるさととよぶにふさわしい地名である。晩秋から冬に移って行く季節、夜風が吹き過ぎ、軒を寄せ合った旧都の家並から、秋の夜の女仕事である、木槌で衣を打って生地をたわめる砧の音が静まり返った街道にきこえている。"ころもを打つ""きぬたを打つ"とは、そのような季語であるが、謡曲『砧』で代表されるように、同時に、夫を旅に出して帰りを待ちわびている、妻女の気持がその音に現れている。しかも雅経は、ただ地名を聞いただけで、懐旧の情があつくなる吉野を舞台に選んでいるのである。単独でもこれは名歌であるが、定家はさらに大きな仕掛けをつくった。

　実朝の、和歌の伝統を踏み外し心の故郷を失っていた羇旅の歌を、雅経の歌と組み合わせることで、"みよしの"を思っている旅人の歌に仕立て、伝統に回帰させたのである。つまり、旅に出て渚をさまよう夫と、砧を打ってその帰りを待つ旧都吉野の

その妻のありさまという、遠く隔たってしみじみと心が通う風情に組み合わせて対にし、思っても見なかったスケールの大きな羈旅歌の世界が作られたのである。この秀逸な仕掛けに、藤原定家の「本歌取り」の技法が存分に発揮されている。

6　オットテール・ル・ロマン

オットテールは、太陽王ルイ XIV 世の晩年からルイ XV 世の時代にかけて活動したフランスの音楽家である。

彼はパリの管楽器製作者の家系に生まれ、成長してからはルイ XIV 世の世俗音楽楽団の一員として演奏活動を行い、同時に音楽教師として多くの貴族を教えていた。彼は通称ローマびとオットテール (Hotteterre le Romain) と呼ばれ、出版楽譜にもこの通称を用いている。なぜローマびとと呼ばれたかについては詳しいことは知られていない。その作品が、フランス的な和声を保ちながらもイタリア的で甘美な旋律で作られているからとも言われている。

時代の雰囲気を良く伝えている作曲家なので、時代背景から述べることにする。彼の活躍した時代は 18 世紀の最初の 1/3 である。それは、ルイ XIV 世の治世の晩年 (1715 年 ルイ太陽王歿) から、引き続くフィリップ・ド・オルレアンによる摂政時代 (1715-1723) そしてルイ XV 世親政の初期にかかる時期である。この時代、ローマ教皇およびイエズス会を中心に展開した 17 世紀バロック芸術は最後の輝きをもって終焉を迎えようとしていた。音楽ではコレッリらイタリア人作曲家が世界をリードし、またちょうどこの時期にロンドンではヘンデルが彼の"イタリアオペラ"で大活躍していた。

思想的には、反動宗教改革によるキリスト教的世界観がまだ

残りながら、ニュートンの力学理論が次第に知識階級および貴族階級に浸透して自然科学的世界観が台頭し、18世紀半ばに盛んになる百科全書派等による啓蒙主義の兆しが現れていた。当時、大学の自然科学の講義を聴いたり、科学実験を見に出かけるのが貴族の女性の流行であった

政治社会的には、スペイン継承戦争で象徴されるように、ヨーロッパの勢力地図が書き換えられる時期でもあり、それは旧土地貴族から新興産業ブルジョワジーへと社会の実権が移行してゆく現象と呼応していた。フランス国内の文化状況に目を向けると 18 世紀初頭は画家ワトー が活躍し、当時の社会風俗をリードする流行をもたらしていたが、短命なワトーに次いでフランソワ・ブーシェさらにフラゴナールが現れ、もの憂さをたたえた優雅さから、明るくコケットなみやびさへとロココ趣味が展開してゆく。

バロック期のイタリア音楽は器楽、声楽を問わずその普遍性によってヨーロッパ各地の音楽に絶大な影響を与えた。しかし、ヴェルサイユの文化があれほどヨーロッパの宮廷の理念型として模倣されたのに、音楽に関してはフランス・バロック音楽は、そのままの形では各国に伝播しなかった。それは、用いられている語法が非常に特殊だったからであり、オットテールの音楽はその典型であった。彼の音楽の特徴は、ワトーの絵画によってよく説明される。アントワーヌ・ワトー (1684 - 1721) はオットテールとほぼ同時代の画家。代表作はいくつかのヴァージョンのある『シテール島への巡礼』(Paris, Louvre 1717 年、Berlin, Charlottenburg 1718/20 年, Frankfurt, Städel 1710 年)、『ジル』などである。

ベリーマンは [haz] の解説で以下のコメントを与えている。

フランス宮廷においては、自分の感情を直接相手に伝えるという不作法なことは許されず、厚い礼儀作法のヴェールの下で形式を整えられ、直接的な表現は姿を変えられなければならなかった。このような、表面上のさりげない作法とその下に隠された激情との間の落差と緊張が、限定された枠組の中で作られるこの時代の音楽に、非常に凝縮された形で生気を与え香気を放たせているのである。

ワトーの『シテール島への巡礼』を見てみよう。
　この作品に描かれている人々は、伝説の愛の島"シテール島"に向かって船出しようとしている身分不詳の恋人たちである。彼らはみやびな服装、みやびな立ち居振る舞い、みやびな会話をしているがヴェルサイユやパリの宮廷の貴族のいでたちではない。むしろ、思い切って簡潔な衣装のフォルムは敢えて言えば当時の新興のブルジョア階級の子女を連想させる。この人々はワトーが創造した、地上のどこにもいない"愛を語る種族"なのである。画面に描かれた８組の恋人たちは、右側のほの暗いヴィーナスの森からでてきて、左手に停泊している光り輝く船へとてんでに向かっている。帆柱の周囲では翼をつけたプットー (小天使) が水面や空中を無心に戯れて飛んでいる。森のはずれで巡礼の杖を置き、実はまだ乗船の決心がついていない組、どうしたらいいか扇子をいじりながら悩んでいる淑女と肩口からささやきかけている男の組、いま決心して草むらから立ち上がり伊達な若者に促されて船に向かって歩き出そうとしている令嬢、それぞれのカップルの微妙な温度差が彼らの姿勢や、視線による会話、

小芸術家たち　　165

図 5　ワトー『シテール島への巡礼』(部分)(ルーブル美術館)

指先のニュアンスによって描き分けられている。もう先頭の組は船ばたに到着し、イタリア風に金髪を結い上げた明るい顔立ちの美女は、自ら誘うように短いマントをなびかせた若者の腕を取り、何か語りかけながら船に乗り込もうとしている。たくさんの人物が描かれているが、騒がしさはまったく感じられない。遅い午後の光の中で物語は夢のようにゆっくりと進行している。

　オットテールは、晩年のルイ王のために奏していた flûte traversiere (古式木管フルート) のための作品で、ヴェルレーヌ風にいえば"軽やかに明るい表層の下しかし濃密な和声の短調の調べで"ワトー的世界を描いた。ここに古今のフランス音楽中最美の作品を聴くことができる。

7　冷泉為恭

　冷泉為恭 (れいぜいためちか)(1823-64) は、幕末、勤王佐幕が入り乱れた京都で日本伝統の"大和絵"の再興を目指し、志半ばで倒れた画家である。伝記は、村松梢風の『本朝画人伝』に詳しい。

　彼は狩野派傍流の京都の絵師の家に生まれたが、幕府お抱え絵師の系統である狩野派の硬直した流儀に飽きたらず、若くして府内のさまざまな王朝期の絵画を機会ある毎に見て回り、また自ら模写した。彼は同時代の画家の師を持たず、ひたすら古典の模写によって、伝統絵画の技法を学び取っていった。

　彼の描く模写は、最早模写ではなくしばしば原作を凌ぐ出来映えの作品となって残っている。例示すれば、神護寺に残る文覚上人座像の模写は、剥落した衣の部分の様子も逐一写し取り、しかも上人の表情自身は凡庸な原作を越えて、一種颯々とした表情が現れた名作である。二十歳の年に模写したことが画面隅に書き添えられている。

　また、知恩院にある絵巻『法然上人絵伝』を三度も模写している。これも寸分の隙もない気力に満ちた作品である。

　村松梢風の『本朝画人伝』によれば、あるとき、中世初期の絵巻物の傑作『伴大納言絵詞』の複製を町の骨董屋で見つけたが、五両の大金であった。理解のある父親はその金を出し為恭に求めさせた。為恭はそれを入手して喜び、携帯用の厨子に納めて首から吊して四六時中持ち歩いたという。

　こうして彼は王朝期の大和絵の再興を念じて修行を続け、若くして名をなしたが、新築の町中の家はなんと、王朝風の遣り水、釣殿をそなえた寝殿造りとし、美しい妻女の名も平安風に改めさせ、王朝期当時の有職故実を深く学んで、朝廷の宮中行

事の作法を担当公家に乞われて教示するほどであった。中秋の名月ともなれば、衣冠束帯の身ごしらえで自邸の庭をそぞろあるき、月を仰いで和歌をものする暮らしぶりであった。自然、彼は京都の宮廷の人々とも親しくなり、宮廷の官位も受けていた。

やがて、幕府派遣の京都所司代職に小浜藩主酒井雅楽頭守 (さかい・うたのかみ) が赴任する。酒井は、あの『伴大納言絵詞』のオリジナルを所有している殿様であり、また文芸に理解ある藩主であった。為恭は機会を捉えて雅楽頭守に近づき、ついに念願の絵巻を目にすることができた。

しかし、この不穏な時代に、王朝派と幕府方とを奇妙に行き来

図6　冷泉為恭『納涼図』部分 (根津美術館)

する為恭の行動は、王朝派の過激暗殺組織であった天誅組の目に留まり、ついに彼らの天誅のブラックリストに載ってしまう。罪無くして天誅組に追われる身になった為恭は逃亡生活をしながら、なお数年傑作を描き続けた。

　為恭の作品は概して小振りな画面で作られているが、精緻な筆遣いに表現が凝縮している点が特徴的だ。本来の土佐派大和絵のおおらかな筆致ではなく、細い描線一本一本に気力がこもって恰も銅版画の線のように強い印象で見るものに迫ってくる。画

図7　酒井抱一『月夜楓図』(静岡県立美術館)

面に漂う響きの高さは、たとえば殿様絵師であった酒井抱一のゆとりに満ちた作品と対照的である。しかし、その迫力は西洋の絵画のように作者の思惑を押しつけてくるものではない。若い平家の武将がシテになった二番目物の能、たとえば『清経』のような、快い緊張感と悲劇性 (為恭の人生からくる) が感じられる。このように傑作を生み出し、名声も高かったが遂に天誅組に居所をつきとめられ、彼らの凶刃に倒れる羽目になった。80 歳代でようやく画風が確立される日本画の世界にあって僅か 42 歳、若すぎる最期であった。

8　向井去来『去来抄』

　『去来抄』は、芭蕉の高弟向井去来が、一門の創作活動の現場を師の言葉を中心に活写した覚え書きで、発句
　　　ゆく春を近江の人と惜しみけり (芭蕉)
についての師弟の論議からはじまる。なぜ、ゆく春なのか？　ゆく秋でもいいのではないか？なぜ近江の人なのか？丹波の人や讃岐の人でもいいのではないか？私の句に、このような非難をふっかけている門外の評者があるが、お前はどう思うか？芭蕉が去来に問いかける。その非難は当たりません、と去来は答え、"ゆく春"、と "近江の人" という二つのことばの結合が、他の言葉では置き替えることのできない絶対的な詩的世界を作っていることを、的確に描写してゆく。芭蕉はその答にうなづき、「ともに風雅を語るに足るべし」と印可を与える。

　私が去来に惹かれるのは、彼の俳句作品そのものに感心するからではなく、師芭蕉にとことん従って、芭蕉の到達した世界の凄みを今日のわれわれに的確に伝えているからである。

芭蕉一門においては、詩としてのオリジナリティーと作品の格調を絶対的に重視し、一門の句集出版に際しては、二番煎じの句、オリジナリティーがあっても美意識の低い句を極端に嫌い、編集会議では「作者の手柄何処にありや？」と掲載の可否を巡って激しい応酬が繰り広げられる。その一例、

　面梶よ明石のとまり時鳥 (ほととぎす)　野水
　猿蓑撰の時 ([筆者註] 芭蕉一門の代表的句集の一つ "猿蓑" の出版編集会議の場面である)、去来いはく、この句は先師 ([筆者註] 芭蕉のこと) の、野をよこに馬引きむけよ (ほととぎす)、と同前 ([筆者註] 同然) なり。入集すべからず。先師いはく、明石のほととぎすといへるもよし。去来いはく、明石のほととぎすは知らず。一句たゞ馬と舟をかえ侍るのみ。句主の手柄なし。先師いはく、句の働におゐては一歩も動かず。明石を取得に入れば入なん。撰者の心なるべしと也。終に (ついに) 是をのぞき侍る。
　　　　　　　　　　　　　　　(『去来抄・三冊子・旅寝論』p.14)

　瀬戸内海明石の浦で岸近く小舟に乗って旅をしている人物が、あちらのほうでほととぎすの声がきこえたから、船頭さん、ちょっと面舵を切って近づいてくれないか。と言っている、名古屋の門人野水が作っているそれなりの風流を見せている句であるが、編集長の去来は、これは、以前師匠が奥の細道の道中黒磯あたりで作った、
　　野を横に馬ひきき向けよほととぎす

小芸術家たち　　171

と同じつくりですよ、これは採用できないですという。馬に乗っての道中で道の脇のほうではととぎすの声がきこえたから、馬子さんちょっと、馬のはなづらをまわして近づいてくれないか、と芭蕉が軽くひねった句である。

弟子思いの芭蕉は、なんとか野水の句を救済してやろうと、明石と言えば、源氏物語の明石の巻とか、さまざまな物語の舞台となる由緒ある土地で、明石のほととぎすというのがまた一興ではないかと、かばう。しかし、師匠に思いっきり従順な去来がここでは一歩も引かない。明石のほととぎすがどうとかという議論は分かりませんが、はっきりしているのは、師匠の馬の道中を船旅に言い換えただけということで、作者の功績はここにはまったくありません、と反撃する。芭蕉も、編集長の言うとおり、句の働きという面ではなにも新味がない。明石を詠み込んだことを功績と考えて採用するかどうかだが、それは編集者に一任しようと折れる。こうして、この句は入選せずボツになった、と言う話。

このように芭蕉一門での俳句の価値評価は、数学の創作におけるオリジナリティー重視の考えに極めて近く、簡単には句集に入れてもらえない。今日的状況での数学より遙かにレベルの高い議論を展開している。

オリジナリティーよりさらに微妙な句の格調についての議論。

　凩 (こがらし) に二日の月のふきちるか　荷兮
　凩の地にもおとさぬしぐれ哉　去来
　去来曰く、二日の月といひ、吹ちるかと働たるあたり、予が句に遙に勝れりと覚ゆ。先師曰く、荷兮が句は二日の月という物にて作せり。其名目をのぞけばさせる事なし。汝が句

は何を以て作したるとも見えず。全体の好句也。

(『去来抄・三冊子・旅寝論』p.12, 13)

───────────

　細い三日月よりなお細い二日の月の鋭い切っ先が、木枯らしに吹きさらされてちぎれそうだと、名古屋の俳人荷兮 (かけい) が、木枯らしの激しさと骨の髄まで突き刺すような寒さを吟じて尋常でない句を吐いた。去来は、おなじ木枯らしの激しい様を、しぐれの雨粒も木枯らしに掬い取られて地面まで達しないのではないかと表現した。そして、みずから、二日の月という月の細さの形容の確かさ、それを吹き散るという想像に乗せた技巧。それらは、とうてい自分の句の及ぶところではない、と正直な感想を芭蕉に語った。しかし、芭蕉は荷兮の句を、新奇な形容で人をはっとさせる作為でつくられた句だと断じて、俳句の真髄は余情を含んでいるお前の句の方にある、と評価した。
　もう一つ、これが格調論の決定打。

───────────

　下臥 (したぶせ) につかみ分けばやいとざくら　其角
　先師路上にて語り曰く、此頃其角が集に此句有。いかに思ひてか入集しけん。去来曰く、いと桜の十分に咲きたる形容、能謂おほせたるに侍らずや。先師曰く、謂応せて何か有。此におゐて肝に銘ずる事有。初てほ句に成べき事と、成まじき事をしれり。

(『去来抄・三冊子・旅寝論』p.21)

───────────

小芸術家たち　　173

路上を歩きながら、江戸の才人宝井其角の句集に載っていた句について、芭蕉が去来の意見を尋ねた。しだれ桜が満開で、長い髪のように細い枝を垂れて地面に届かんばかりに咲いている。その様を、地面にねそべってつかみとり、弄んで堪能したいと形容している。去来は、素直に、満開の糸桜のありさまが目に浮かぶように、十分に表現されている (謂 (いい) おほせたる)、と答える。芭蕉はすかさず、俳諧は目に浮かぶように表現すれば済むものか?!「謂応せて (いいおおせて＝言い終せて) 何か有！」、禅堂の一喝のように鋭い答が返ってきた。こんな下品な句は俳句ではないという断定を下したのである。去来も偉い弟子で、この瞬間、俳句でやっていいことと、いけないことが有ることを肝に銘じて悟った、と言っている。

　これは、世界でも希なハイレベルで具体的な芸術論である。去来はこのように、俳句作品の周囲で交わされていた議論を通して、芭蕉が到達した美意識の高さを今日のわれわれに伝えているのである。

老師：岡潔

1　岡潔とのかかわり

　そもそも私が数学研究を将来の自分の仕事と意識し、そうなるための努力をはじめたのは、高校時代の 1960 年岡潔の文化勲章受賞とそれに続く岡のマスコミへの登場をきっかけとしている。その数年後、週刊誌「サンデー毎日」で連載していた"師弟"のシリーズで、岡潔－西野利雄の師弟が紹介され、そこに載せられていた二人の数学者の大きな写真の記憶が、私にとっての数学者のありようの原イメージとなった。ガラス戸からの秋の光を受けて和室の畳に座って語り合っている静かなたたずまいが、それまで自分が抱いていた数学者のイメージ (黒板の前で数式をかきなぐっているといった姿であった) を裏切っていて、

　　数学をやってこのような境地に達することができるのならば、ぜひ数学者になりたい。

と思ったのだった。そして後年、西野利雄師には何度もお会いして数学研究の要諦をうかがい、具体的な場面で方法論的指導を受けることになった。また、岡潔老師には、自ら多変数函数論を学び、かつさまざまな文章表現に接することで間接的に大きな影響を受けていたが、老師の晩年に一泊二日のご自宅訪問をさ

せていただいて自分の世界観の大転換をもたらされた。岡の生き方の中には、今日では見失われがちな数学研究、学問研究の本来的な姿があり、非才を顧みず私の目に映じた老師の姿を書き留めておくこととした。

2　岡潔の数学

岡潔 (1901-1978) が今日でもわれわれの注目を惹くのは、その数学的事績の優れていることはもとより、同時にそこに至るまでの、広く日本文化を渉猟した深い思索がその研究の根底をなしていることにも拠っている。この意味において岡は特異な数学者であった。

岡潔の多変数函数の研究は 1935 年 1 月 ベーンケ・トゥルレンのテキスト (1934 年刊行) を入手して、この分野の研究状況を鳥瞰してから始まる。そこには、クザンの問題、解析函数の近似の問題、解析函数の存在域の問題が挙げられているが、岡は、それらが密接に関連しやがて一つの理論として構築されるべき大きな現象の鉱脈があることを見通した。こうして、その後およそ 20 年間にわたって続けられる長大な研究が開始されたのである。

多変数函数論という分野は、それに先行する一変数函数論の本歌取り的要素を持っているから、その理論を動機付けにまで遡って理解するには、一変数函数論の知識を必要とするのであるが、ここでは詳説する余裕がないのでそれらを仮定して上記の 3 つの問題を説明する (たとえばテキスト [kas] 参照)。

クザンの問題は加法問題と乗法問題の二種類ある。複素函数論の「ミッタック＝ルフラーの定理」は、与えられた領域 $D \subset \mathbf{C}$ に、極となるべき点の分布 $\{a_n\}$ とその各点での有理型函数

の主要部 $P_n(z) = \sum_{k=1}^{r(n)} c_{n,k}(z-a_n)^{-k}$ を与えると D における有理型函数が構成できることを保証する。この定理の多変数版の成立を問うのが前者である。一方、クザンの乗法問題は、領域に零点と極の分布をその各々での位数をこめて指定して有理型函数を作れるかどうかを問う。これは「ワイエルストラスの乗積定理」の多変数版ともみなされる。どちらも一変数函数論の問題意識から自然に問われるもので 19 世紀末のクザンの研究に端を発している。

複素函数論の「ルンゲの定理」によれば、与えられた領域 $D \subset \mathbf{C}$ で正則な函数は、D 上で正則となる有理関数によって D 上広義一様近似される。これを多変数版にして、多変数領域での正則函数を有理関数 (ないしは有限個の与えられた解析函数の有理関数) によって広義一様近似できるかどうかを問うのが近似の問題である。

さらに、複素函数論の「ワイエルストラスの乗積定理」は、$\mathbf{C}$ における任意の領域に対し、ちょうどそこで正則となる函数が存在することを保証している。この意味で一変数の領域はすべて解析函数の自然存在域なのである。では、多変数の場合、正則函数の自然存在域 (すなわち正則領域) となるのはどのような領域であろうか？ 任意の領域がそうなるわけではないことは古くファブリによって感知され、ハルトグスおよびレヴィによって正則領域はある種の凸性 (擬凸性) を持つことが示されていた。ハルトグスとレヴィそれぞれの考えた擬凸性には若干の違いがある。一般にはハルトグスの意味のものを擬凸性の定義とする。レヴィのものはレヴィ強擬凸性とよんで、岡の研究の中で重要な意味を持つことになる。したがって解析函数の存在域の問題とは、一般にレヴィ問題とよばれる「擬凸状の領域は正則領域

か？」という問題に他ならない。

　以上が岡が取り組んだ問題の概要であるが、特異点を有する微分方程式の解などで現れる解析函数は特異点において多価性を生じるゆえ、以上の問題は $\mathbf{C}^n$ の上に分岐点を伴って"被覆面として広がった領域"(本節では"被拡領域"とよぶ)で考察する必要がある。岡はつねにリーマンへの敬意を表明していたが、その背景にはこのような被拡領域での解析函数論(それはリーマンの場合代数函数論でありアーベル積分論であったわけだが)を展開しようという大きな理想があったと思われる。

　岡潔の数学的最終到達地点は、単に数学的成果として述べるならば「上記三問題を分岐を持たない $\mathbf{C}^n$ 上の(一般に無限葉の)被拡領域において解決した」と総括することができる。また、定理の形では明示されていないが、クザン問題、近似の問題は本質的には分岐被拡領域でも解決されている。

　しかし、この結果のみをもって岡の数学的業績と考えるのは正しくない。そこに至る過程のなかで発見された事実、および創出された概念と手法の中に多変数函数論の骨格を形作っている本質的な成果が見出されるからである。

　上の、岡の結果において"分岐点を持たない"という大きな仮定が付けられている点が、その後の理論全体の中で見ると画竜点睛を欠いているようにも見えるが、この分岐点の問題は当時の数学全体の進展の中において考えると異常な困難を伴っていた。すなわち、一変数での分岐被拡領域はすべて(非特異な)複素多様体すなわちリーマン面とみなされるが、多変数の場合はそうならない。特異点がなければこの被拡領域は自然に複素多様体の構造を持ち、直接函数論的考察の対象となるが、特異点を有する場合、そこにおける解析函数とは何か？　という、一種存在論的な問いから掘り起こさなければ函数論の地点に到達

しないのである。

　複素特異点論はその後さらに長い年月をかけて多くの数学者によって整備されていったことを考えると、その分野の研究が何もなされていない 1940 年代および 50 年代初頭の段階で、第二次世界大戦下世界から孤立し、日本においてすら数学的には孤絶した中で、岡一人で分岐被拡領域の存在域の問題に立ち向かったという壮挙に、われわれは呆然とする。しかも、この困難な研究の過程で、解析函数の層の概念に相当する"不定域イデアル"の概念を創出し、今日「岡の連接性定理」とよばれる事実を示し、さらに、特異点の正規性の概念にまで到達した。英語版の選集 [koe] における 第 VII 論文のカルタン (Henri Cartan, 1904-2008) の解説にもあるように、これは西欧での戦中期の研究をその深さにおいて遥かに凌駕していたのである。岡によるこれらの成果は、今日でも多変数函数論全体の中で議論の核心部分を形成するものとなっている。極言すれば、今日の多変数函数論の理論は岡の成果を現代数学の厚衣で装ったものなのである。

3　要諦集

　数学の研究とは、古今東西だれも見いださなかった新しい事実を自らの手で発見することをめざすものである。

　数学の歴史は 2500 年を越え、今日なお多くの数学者が研究を続けている。その中で、"自明な発見"ではない、真に新しい事実を呈示するということはそう簡単ではない。むしろ、極めて困難である。

　岡潔は、数学者はどのようにして発見に至ることができるかを、自らの場合を実例としつつ、さまざまなレベルで、さまざまな機会に述べている。私はその多くを高弟西野利雄師を通じ

て、間接的にではあるが聴いてきた。その要諦の幾つかを思いつくままに書き連ねてみる。

::::::::::無明小我を離れよ::::::::::

岡は数学研究の出発点として、心の錬成をもっとも重んじた。数学という対象に没入するために、自分一個の存在に固執することが大きな障害であり、同時に、そのような小我に拘って生きるということが、人生に於いても大きな誤謬であると断じている。岡は、生きんとする盲目的な意志を「無明」とよんだ。これは日常、"自我"とよばれ、今の世の中では競争力の根源のように思われて尊ばれているが、岡は、無明で作られた文明、文化を強く批判したのである (註1)。一例を挙げれば、マチスやセザンヌを高く評価し、ピカソや北斎の作品を無明で作られたものと断じて強く嫌悪していた (註2)。

仏門、とくに禅宗においては自己をあきらめることが修行の出発点でありかつ究極の目標である。それは、小我を諦めることによって真の自己存在が明らかになるという意味を含んでいる。このような観念は、近代以前の日本においては、仏門のみならず一般社会に於いてもごく普通に受け入れられていた。

数学の場合、後段の西野利雄の文章にある、「数学は生き物であり、意志も感情も持っている。そこへ赴いて学ぼうとするなら。自分の方には自由というものはない。」という心のあり方が要求されるのである。

::::::::::心事剥落し来たらむ::::::::::

岡があるとき書の展覧会にでかけて上の言葉を見つけて大変気に入り、後にしばしば用いている。それは嵯峨天皇の宸筆であった。嵯峨天皇は賢帝として名高く、その伝説はしかも少々神

がかっている。『撰集抄』([sen] 参照) に載っている小野篁 (おののたかむら) の逸話も、その好例である。

ある早春の日、嵯峨帝はまだ身分の低かった若年の小野篁をつれて野に出た。興趣のある風景だったので、この景色を詩にしてみよと命じた。篁は

紫塵嬾蕨人拳手　碧玉寒葦錐脱嚢
しじん、ものうきわらび、ひとてをにぎる
へきぎょく、さむきあし、きりふくろをだっする

と歌って献じた。嵯峨帝はその詩に感心し、同時に篁の資質を見ぬいてすぐに宰相に登用したという。

平安王朝期にあって嵯峨帝の時代といえば、このように、高潔な詩魂でまつりごとが進められた理想の時代という意味合いになる。あたかも、フランス中世において"聖王ルイ IX 世の時代"といえば、高い宗教的情操が国を治めていたはるかな御代を意味するように。

「心事剥落し来たらむ」はどのような意味であろうか？

枝枝にひっかかっていた秋の残滓の枯葉が一陣の木枯らしで吹き払われるように、世の中のさまざまな心煩わされる事どもが、みな自分の精神の中から払い去られた境地であろうか。容易にその真意に到達できない深い言葉である。

岡は常々「数学の世界に世間を持ち込むな」と厳しく指導していたと聞く。たしかに、このように透徹した心的状態でなければ、数学的真理には出会えないであろうと思われる。

::::::::::直趣無上菩提::::::::::

何度か伺った西野利雄師のお宅の玄関にかかっていた色紙の言葉である。師岡潔から直接頂戴したものとお聞きした。

岡が数学に向かうときのありさまを一言で射抜いている言葉

と思う。

　一つの理論を学ぶ過程では、迂遠な方法で機械的に対象を扱って結論が導かれたりする局面が数学にはしばしばある。直趣とは、数学的対象のエッセンスであり、この言葉は、そのように意識不明の経路を辿って結論に達することを排して、まっすぐにそのエッセンスに向かい合うさまを示している。

　岡は、研究を開始する時点でその分野の現状、何が研究されどこまでの結果が得られているか、を見渡し把握した後では、それらの結果を得る仕組みだけを会得し、以後他人の理論に頼ることなく、研究に必要な補助手段もすべて自分で工夫して用意した。あたかもギデオンのように、すべてが自分の手足となって働く手兵だけを手元においで戦ったのである。

　旧約聖書の士師記にユダヤの義士ギデオンの逸話が書かれている。メディアはユダヤの地を7年にわたって席巻し続け、ついにユダヤ殲滅を図って総攻撃に出た。メディアの大軍との戦いにユダヤの小部族マセナの勇士ギデオンが立つ時が来た。神ヤーウェはひそかにギデオンをユダヤの指揮者に指名し、その勝利を保証していた。ギデオンの下に結集したユダヤ側の軍勢は三万二千であった。敵軍に比べれば少数であったが、神はギデオンに、この戦いの勝利が自力のものではなく神が与えた勝利であることをイスラエルの民が自覚するべく兵士を精鋭だけにしぼるよう命じる。

　　エルバアル、つまりギデオンと彼の率いるすべての民は朝早く起き、エン・ハロドのほとりに陣を敷いた。ミディアン（＝メディア）の陣営はその北側、平野にあるモレの丘のふもとにあった。主はギデオンに言われた。「あなたの率いる

民は多すぎるので、ミディアン人をその手に渡すわけにはいかない。渡せば、イスラエルはわたしに向かって心がおごり、自分の手で救いを勝ち取ったと言うであろう。それゆえ今、民にこうよびかけて聞かせよ。恐れおののいている者は皆帰り、ギレアドの山を去れ、と。」こうして民の中から二万二千人が帰り、一万人が残った。主はギデオンに言われた。「民はまだ多すぎる。彼らを連れて水辺に下れ。そこで、あなたのために彼らを選り分けることにする。あなたと共に行くべきだとわたしが告げる者はあなたと共に行き、あなたと共に行くべきではないと告げる者は行かせてはならない。」彼は民を連れて水辺に下った。主はギデオンに言われた。「犬のように舌で水をなめる者、すなわち膝をついてかがんで水を飲む者はすべて別にしなさい。」水を手にすくってすすった者の数は三百人であった。他の民は皆膝をついてかがんで水を飲んだ。主はギデオンに言われた。「手から水をすすった三百人をもって、わたしはあなたたちを救い、ミディアン人をあなたの手に渡そう。他の民はそれぞれ自分の所に帰しなさい。」

(『旧約聖書』、士師記第七章 1 節以下、[bib] 旧 p.392 –)

このようにギデオンは手兵を選りすぐり、彼らを手足のように用いてメディアの大軍を屠ったのであった。それはあたかも岡における、数学の研究の有り様のようである。

:::::::::: 近景は手に取る如く、遠景は細節にこだわらず::::::::::
オランダ (フランドル)・ルネサンス期の絵画にはヤン・ファン・アイク (Jan van Eyck c., 1387-1441) のように驚嘆すべき

老師：岡潔　　183

図1　ヤン・ファン・アイク『ニコラ・ロランの聖母』(ルーブル美術館)

風景描写を展開しているものがある。手前にある絵の主題を構成する人物の衣裳の模様一針ずつを描いているのにとどまらず、遠い背景に見える人物、水面、果樹等どれほど拡大してみてもびくともしない緻密さで描かれている。たとえば、ルーブルのフランドル絵画の部門にある傑作『ニコラ・ロランの聖母』などがその典型である。

　また、少し時代が下った 16 世紀になるとブリューゲルによる「世界風景画」が現れる。これもまた、前景だけでなく些細な背景でもさまざまな物語がそれこそ世界の有り様を映して展開し

図2 ヤン・ファン・アイク『ニコラ・ロランの聖母』背景部分の拡大(遠くの橋の上の群衆が一人一人描かれている！)(ルーブル美術館)

ている。

　現代でもオランダ勢の数学者は、細部までゆるがせにせず、難しい理論を具体的に緻密に一歩一歩積み上げて結論に到達するという傾向がある。彼らは別にこのような絵画的伝統を意識しているわけではまったくないが、どこか深い意識下でつながっているのであろう。

　しかし、われわれの絵画的伝統に於いては、大胆な背景の省略法がある。

　岡は、自分の目指している対象、そこへとつながっている今自

分が開墾しているその土地、自分が日々研究しているその数学の景色が自家薬籠中のものになっていなければならないと言っている。一方で、その背景になっていて関係はあるが、すぐには用いそうもない理論などは、大まかなとらえ方をして細部に拘泥するなとも指示している。それは、岡にあっては数学はただ抽象的に勉強するべきものではなく、自分が切り開き、そこに住むべき世界をつくってゆく能動的な実体であったからだ。

眼前に現れる理論や定理をひたすら律儀に勉強し続けるという流儀は、それはそれで一種の自己喪失なのである。

:::::::::: 技を真似ず心を真似よ ::::::::::

老師岡は、日常に於いても、また数学を学ぶ場合にも心的な了解、その数学が作られた時点での発見者の心持ちに立ち返ることをつよく追い求めた。岡の場合、他人の結果を重要な局面で用いることが何度かあった（たとえば、有名な"上空移行の原理"では先行するアンリ・カルタンの議論を援用している）が、つねに、この心的了解を経て、文字通り"こころをまねて"自分用の道具に作り替えているのである。

能の確立者である世阿弥はその役者心得である『風姿花伝』（[sea]）において、奥深い芸術論を披瀝しているが、その中で"ものまねの条々"という一章を設けて、さまざまな役の演じ方を示している。能には、たとえば「隅田川」、「葵上」など"狂女もの"とよばれる一系の出し物がある。『風姿花伝』における"もの狂い"の項の記述を追ってみる。

物狂 (ものぐるい)
この道の、第一の面白尽くの芸能なり。物狂いの品々多け

れば、この一道に得たらん達者は、十方へ亘るべし。繰り返し々々、公案の入るべき嗜みなり。

　中略

　親に別れ、子を尋ね、夫に捨てられ、妻に後るる、かやうの思ひに狂乱する物狂い、一大事なり。よきほどのシテ(為手)も、ここを心に分けずして、ただ一偏に狂い働くほどに、見る人の感もなし。思ひ故の物狂いをば、いかにも、物思ふ気色を本意に当てて、狂う所を花に当てて、心を入れて狂えば、感も、面白き見所も、定めてあるべし。

世阿弥『風姿花伝』p.29)

　物狂いにもさまざまあるが、親しい人を思いながら生別、死別してその思いがつのったあまり気が狂ってしまう。そのような物狂いの能は、もっとも興趣ある出し物であり、また、能の数ある演目の中でも取り分けて重要な作品群となる。それは物狂いに至る原因となっている心情が激しく美しいからである。その心根をまねて、狂っている様は飾りのように演じよと世阿弥は言っている。"技をまねず心をまねよ"という岡の言葉は、私の中ではこのような世阿弥の芸論とつながって見えてくる。私は、能楽堂には度々足を運ぶし、狂女ものも何度も見ている、また心に残る感動的な舞台も幾度かあったが、残念ながら、上記の世阿弥的な物狂いを実見したことはない。

　自分の数学においても、いつか"世阿弥的なものまね"をやってみたいと精進している。

::::::::::　手足を断じて用いざるが如くせよ::::::::::
　岡潔の日々の研究は、毎朝新しいレポート用紙に向かい、その

老師：岡潔　　187

日に考察する問題を第一行目に書き、日付を入れることから始められた。このようにしてその日の探索が開始される。一日に3ページほどの量になり、一年で約1000ページの研究ノートがたまる。2年に一編の割で論文を書き、一編は大体20ページほどであったから、2000ページのノートから1/100に凝縮された成果が論文の体裁になっていった。『春宵十話』(岡潔集第1巻所収)にそのような研究方法に触れた部分がある。

　しかし、研究は勘定通りの一定のペースで進められるものではなく、研究の方向すら定まらない漠然茫洋とした長い時期があり、紙に書いて研究が進められるのは研究の方向がある程度明確になってからである。レポート用紙の一行目に書き出した問題はその日のうちに解決するものではなく、ある方針を思いついてそれが解決に結びつかなければ、何日もかけて第2の方針、第3の方針を工夫してゆく。

　1933年岡は周到な準備を終えて本格的な研究を開始した。ある種の凸状領域での近似の問題にとりかかったのであった。3ヶ月間その問題を追い続け、上記のようなやりかたで考えられる限りの作戦を試したがそれらはすべて失敗に帰した。さらに作戦の立たない日々を送りながらなおも考え続け、レポート用紙に向かっても何の進展もなくすぐに眠りに誘われる幾十日を過ごしていた。その行き詰まりの末にある日啓示を受けたような決定的なアイデアに到達している。それが上空移行の原理とよばれるもので、岡は後年の研究においても幾度もこの原理を用いて、新たな困難を乗り越えてゆく。この最初の発見の前後のことが『春宵十話』の"発見の鋭い喜び"に書かれている。

　研究において、一つの方法を思いついたら、それを徹底的に押し進めその方法にはまったく望みがないということがはっきりするまでその方法を追い詰める。しかし、一旦だめだとなった方

法は、"手足を断じて用いざるが如く"これを用いない。

　それが、この言葉の意味である。字面の背後から岡の烈しい求道の精神が伝わってくる。

　今日、懇切丁寧に教えることのみが良い教育とされ、自分を厳しく追い込んで思念の力で困難を突破することを求めるという教育、指導はすたれてしまった。

　"手足を断じて用いざるが如く"という表現になにか出典があるかどうか筆者は知らない。しかし、この言葉の雰囲気は禅宗の烈しい修行を連想させる。禅宗は、6世紀初頭パルティアからの遊行僧であった菩提達磨が六朝時代の中国に渡って布教してから始まった。国家や貴人に招かれたわけでもない一介の習禅僧に心ある中国の門人たちが帰依し、次第に教団組織が形成された。それゆえ菩提達磨を禅宗の始祖とし、その印可が二祖・慧可に伝えられ、以後三祖以下相伝して禅宗の法灯が今日に伝えられている。若い慧可の弟子入りに際しては、達磨からその求道の志の深さを問われ自ら一臂を断って答えたことが713年の書物『伝法宝紀』に記されているという。また、始祖達磨自身嵩山(すうざん)にある少林寺で面壁修業9年、手足が腐ってなくなったという逸話は、縁起物のダルマの姿等でわれわれに親しい。

::::::::::　源頭の地に立ち帰れ::::::::::

　ギリシャの神殿の列柱はドーリア式、イオニア式、コリント式という三様式がある。骨太なドーリア式から発して、整った美しさのイオニア式に移行し、華麗な装飾を伴ったコリント式へと変遷してゆく。

　数学の理論の歴史もおおよそこれと似た展開をする。われわれが、普通基本的なテキストなどで、一つの完成された理論を学ぶときには、主要定理も一番適用範囲の広い一般型を、工夫

され尽くした証明によって学ぶことになる。

　しかし、このように形式的に完成された姿で数学を学ぶことは、必ずしもその理論のエッセンスを直 (じか) に感得することにはつながらない。岡は、数学を発展し尽くした末の状態で学ぶ、あるいはそのような方向にさらに手を加える研究をすることを、"流れを下る"姿勢と捉えて良しとしなかった。

　むしろ、その理論のできかかりの初期の段階で発見された、強い制約条件下で成り立つ主定理について、原型の証明を歴史を朔行して学ぶ方が、そこに隠されている現象の本質がよく見え、どのような事実がその理論の骨格を形成しているかよく知ることができる。また、そこに心的存在としての数学の本来の美しさが現れる。岡老師は、数学においても文化においても退廃した方向に向かうのではなく、アルカイックな姿に向かうことに強く執着した。それが"源頭の地に立ち帰れ"の意味である。

　私も、自分の研究の中で、遡って19世紀の論文 (稀には18世紀の論文) を勉強する機会が度々あったが、そこからは作者の持っている強い数学像と明確なアイデアが伝わって来て、自分なりに数学のあるべき姿を教えられるように感じたことが幾度もあった。

　ライナー・マリア・リルケは私が敬愛する詩人であるが、彼の最高傑作である連作詩『ドゥイノの悲歌』は1912年パトロンのタクシス侯爵夫人の館 (トリエステ近郊アドリア海に突き出す懸崖の上のその館は、リルケの散策した切り立った崖の上の小道もそのままで昔の姿で残されている) で天使に啓示を受けて書き始められた。しかし、その啓示は最初の一編の後途絶えてしまう。その後10年、リルケはひたすらその連作の完成を念じて天使の再来を待ち続ける。1922年ついに恐るべき天使再来の予感があり、親しい女友達に音信不通となる知らせの手紙を数通書

き、スイスの寒村の孤絶した簡素な館にこもって外界との交渉を断って創作に集中する。そうして再び現れた啓示によって一気に十編の連作詩が完成する。

リルケは 1898 年フィレンツェに滞在し、親しい友人ルー・アンドレアス・サロメに多くの書簡を送っている。

　われわれはもはや、無邪気ではない。しかしわれわれは、その心情において初期 (プリミティフ) の人であった人々の傍らで働き始めることができるように、初期 (プリミティフ) の人になるべく努力しなければならぬ。われわれは春の人間にならなければならぬ。それは、われわれがその荘厳さを宣言すべき夏の中に、われわれの道を見いだすためである。
(リルケ『フィレンツェだより』p.69)

また、彼の『マルテの手記』には「この書は、本質的には、いわば流れに逆らって読もうと努める人々にのみ、喜びを与えるであろう。」という一節もある。岡とリルケという、孤絶しつつ共に春の息吹に至上の価値を置いた二人の創作者の間に、不思議なほどの強い相似性があるのを私は感じる。

4　西野利雄師

西野氏は私が師とよばせて頂き、指導も受けた唯一の数学者である。ただし、継続的にセミナーの指導をしてもらうということはなく、折々にお訪ねして数学の心構えを伺ったばかりである。

師にお会いするのは、大概は学会の折りで、他のお弟子さんたちと一緒の席のこともあり、また一対一の話のこともあった。場所はいつもどこかの喫茶店であった。京都ならば三条木屋町の「夜の窓」か、出町柳の「柳月堂」のことが多かった。このように、喫茶店を舞台として談論するというスタイルは、18世紀のパリのサロン文化の系統に連なるのかもしれない。

　私もいつのまにか研究室で数学をやるようになってしまったが、たしかに、研究室の机に向かって仕事をするというスタイルは、深く思索するということとは相反する面を持っていて、作業は一種のルーティンワークになってゆく。それは、岡潔的形容をするなら、心の中の調べに耳を傾けてものを考えるという研究スタイルには向かない。

　30歳代の頃は研究室には冷房もなく、夏は必然的に東京の喫茶店を巡り歩いて数学をしていた。現在では、そのようなゆっくりとした思索が許されるような店も少なくなってしまったし、また、大学の外で悠々と考え事をするという精神的なゆとりも持てなくなってしまった。

　西野師の容貌は、私が畏敬するフランスの詩人ステファヌ・マラルメに非常に似ておられた。単に容貌だけではなく、ものの考え方、世間への身の処し方も共通するものがあり、自分の中ではこの二つの人格がかなり重なり合って見えていた。

　ポール・ヴァレリーはマラルメについて次のように語っている。

　私は時折ステファヌ・マラルメに語った。
　『ある人はあなたを攻撃する。ある人はあなたを馬鹿にする。あなたは人を怒らせる、また、人に憫まれる。新聞記者

は、あなたを種にして、手もなく世間を喜ばせるし、友達の連中は頭をゆすって困っている⋯

　然し、かういふ事実をご存知ですか。お感じですか、フランスのどんな町にもあなたの詩歌の為、又、あなた御自身の為なら、身を八つ裂きにされようとも厭わない青年が潜んでいることを。あなたはその青年の誇りであり、神秘であり、悪癖でもあるのです。その青年は、一切の人から孤立して、求めることも理解することも弁護することも難しいあなたの著作の機密の中に、他人には頒たぬ愛の中に生きているのです⋯』

　中略

　読者に、その精神を緊張させよとか、可なり苦しい行為を代価として支払って始めて完全な把握に到達せよとか要求する、或いは、読者の希望している受動的な立場から、半ば創造者の立場に読者を置こうと主張する——かういふことは、習慣と、怠惰と、力の足りないあらゆる人を傷つけるのであった。

　悠々と暇にまかせ、人から離れて、学究的に、明確に読書する術は、昔は作家の労苦と熱誠とに同質の参与と忍耐をもって応じたのだが、今は無い。失われたのである。

　中略

　それゆゑ、マラルメの複雑なテキストを拒否しなかった人は、知らず識らずの間に、読み方を再び習ふやうな仕儀になってゐたのであった。

　　ポール・ヴァレリー『私は時折ステファヌ・マラルメに語った⋯』([mar] p.214–p.217)

学会の会場や研究室でお会いすれば、すぐに喫茶店へと向かい、いつもその時々に考えておられる数学の話から始まり、その話題はときおり、私が差し出すレポート用紙に説明のデッサンを描きながら辟易とするほど次から次へと数時間続いたが、そこにテキストや論文があるわけではなく、すべて西野師の頭の中から取り出されてくるのであった。

　しかし、こうして喫茶店で紡ぎ出される数学固有の問題群は、自分が研究するフィールドとしては余り私の興味を惹かなかった。

　やがて、数学も一段落すると場所を変えて食事となり、そこから芸術論などさまざまな話題へと話は転じてゆく。けれども、それは単なる趣味の話題を語るということではなく、どんな主題であっても、必ず数学者としての心構えにつながるものであった。

　たとえば、1976年春に会見するために用意した6頁の質問と自分の理論武装のためのノートとか、1979年12月に柳月堂でお会いした手控えなどが手元にある。西野師は1968年に始まる定数面の族から2変数整函数を構成する一連の仕事をされていたが、76年にはまだ意気軒昂であった。私も師を挑発するような"単性生殖的研究法"とかを持ち出し、議論は時に白熱した。このときにはたとえば、"数学において一意化はどういう意味を持つのか、どんな価値があるのか？" "特殊函数論とは何をめざすものなのか？" "多変数函数論の研究者は代数幾何とどういうスタンスでつきあうべきなのか？"というような問題設定で議論した。

　79年の段階ではご自分の数学が終息しつつある時期で、それなりの感懐を持って私と話をされていたことが記録からうかがえる。このときには、自分がやってきた研究の大勢が見えてきてしまって、思ったほどの結果をもたらさなかったことを正直に話され、それが、研究者がいずれ向き合わなければならない局面

であるという話題になった。そして、個人としての研究者の終息と同時に、多変数函数論という分野が、その時点で、解決すべき必然的問題を一つも有していないという事実も問題になった。そのことは、"アルカイックの時代は再び戻ることはない"という言い方で形容された。

以後、私はこれをきっかけに、「われわれはもはやプリミティブではあり得ない。しかし、プリミティブであろうとし続けなければいけない。」という、詩人ライナー・マリア・リルケが1898年5月、ルー・アンドレアス・サロメに宛てて書いた『フィレンツェだより』([fir])にある言葉を自分の指針とするようになった。また、衰退期にあってなおかつ存在理由のある作品を生み出すことを自分の理想とするようになり、私は鎌倉期の歌人藤原定家に傾倒するようになっていった。

西野師は世俗のことから極力離れ、数学に没頭して、岡潔によって築かれた数学の継承に生涯をかけたのであった。数学の研究ということに限れば、必ずしも後世に残るほどのめざましい結果が得られたとは言えないかも知れないが、2変数整函数論という分野の存在が、西野らによって発見された諸定理と共に確認され、数学の資産として残されたのであった。

また、数学とともにその生涯を眺めると、広大な数学の庭園の中のひっそりとした片隅の四阿 (あずまや) のような風情を呈しており、"日本的情緒を数学において固定したい"と言われていた師の人柄と数学とがほどよく優雅に調和しているのが感じられる。私にとっての岡、西野師弟の姿は学研版岡潔集 ([oks]) の付録にある次の文章に凝縮している。

私が大学を卒業して二年目の秋だったから、1955年の暮

れだったと思う。そのころ、先生は毎週土曜日の午後、京大の数学教室でご自分の研究を講義しておられたのであるが、そのある日のこと、話が一区切りついてもう少し先へ進もうかどうしようかということになった。たしかまだ三時ごろであったろう。するとそのとき、先生は「人生何もそれほど急ぐことはない」といわれ、笑ってすーっと帰って行かれた。灰色になった長い髪を無造作に後ろにかきやって、前歯が欠けていたのか、少しふけて見えたそのときの先生の姿がいまでも私の目に思い出される。

　私はその少し前から、隅のほうで小さくなって先生の講義を聞かせていただいていたのであるが、「一回ごとに目のさまされていく」ような思いのなかにその日もあったとおもう。そのころの先生の話は「数学とは生(い)き物です。だから意志も感情も持っている。人が数学をやろうとすれば、その意志と感情に自分のそれを合わさねばならない。そんなところに自由はない。」といった調子であったが、当時の私には、そのような話に、自分で無意識に求めようとしていたものがここに見いだされたというような思いの毎回でもあった。

　それから数回でその講義は終わり、その後、直接先生に師事したいと思った二、三人を中心に、はじめて先生は研究指導をして下さった。「たとえやりそこなっても、もともとだから一度やってみよう」と思われたのだとか。そんなふうだから、私のように数学をやるといってもただ漫然と本を読み、漫然とゼミナールに出ていたような者にとって、先生の態度は峻烈を極めた。あるとき、新たにゼミナールに参加した人があって、先生は論文の別刷りを一組持って来られたが、それを「出離の道を求めるにあらずんば一行たりとも読

むな」ということばとともに渡された。横で聞いていて私は背筋のジーンとなるのを覚えたことである。ゼミナールのときはほとんど毎回のことであったが、黒板の前で何か"変なこと"をいったりすると、それまで靴を脱いでいすの上にすわっておられた先生が、半分脱げかかった靴下のままでさっと前に出て来られる。そのようなときは、いつも真剣で立ち向かうときのような気魄に打たれたものである。

「数学をやるには、まずその人の心ができなければならない」と先生はいわれる。先生の一連の論文が出はじめるのは1936年、先生は1901年の生まれだから数え年で36歳、もちろんそれまでにも研究がなかったわけではないが、いかに当時でもずいぶん遅い。しかしその"心"ができるのに「それまでせいいっぱいやったんですよ」といわれた。一人の先導者もなかったのである。私はその後、先生の招きで奈良女子大学に行き、本部構内と少し離れたところにある数学教室で、靴を脱いで上がる小さな二階の部屋に先生と机を並べてもらって毎日を過ごしたのであるが、午後などもう講義はなくそれぞれ自分の研究をしているようなとき、先生はよくそんな話をして下さった。これもそんなある日のこと、たまたま話が芭蕉のことにふれたとき、先生は「どこから始めましょうか」といいながら、

　　火ともしに暮れば登る峰の寺
　あたりから
　　青天に有明月の朝ぼらけ
　　湖水の秋の比良の初霜
のあたりを暗唱してくださった。「猿蓑」にある連句の一部である。少しつけ越し気味の句が続いた後に、この去来一

世一代の名句が出たといった話だったと思う。これが、私も芭蕉に親しみ出したきっかけである。人は何かに触れて同じく"わかった"といっても、そのことばの内容は千差万別であろう。グルサーのクールダナリーズという古典的な教科書があるが、その第二巻の中ほどに30頁ほど多変数函数の部分がある。この分野に関することとしてはほんのわずかしか書かれていないのであるが、「霧ながら大きな町に出でにけり」というのが、かつて先生がそこを読まれたときの感想だという。私などなにか論文を読んだ後よくこの話を思い出しては、まだまだわかり方が足りないと思うものであった。

　「心の赴くところ、土地らしきものがちらほら見えてくるようになるともう研究はできます」といわれたことがある。これも京都でゼミナールのあったある日のことである。黒板の前で話していた人が「領域の内も外も…」といった。そうすると先生は首をかしげながら「内も外も」と口の中でつぶやいて「何だったろう」といわれた。その後何事もなくゼミナールも終わり、皆で進々堂へ行ってコーヒーを飲んでいると、突然先生は「やっと思い出した。尊いお方が上も下も…」といわれた。佐藤春夫の小説「星」というのがある。そのなかで、明末のある皇帝が国を憂えるあまり、一日身をやつして町の易者を訪ねるところがある。そこで「ゆう」という字をいろいろ書くのであるが、最後に「酉」と書いたのを見てその易者が「フム尊いお方が上も下も…」といって占われる人をじろりと見上げる。一種独特の調べである。先生は「内も外も」というのを聞いて、心の中でこの調べに触れられたのであろう。それをよび出すのに二時間ほどであったと思う。

　「数学とは自分で自分の心からよび出すものだ」と先生は

いわれる。十ある先生の論文の中で、一、二番目に書かれた状勢をよび出すのに、少なく見ても三ヶ月、七、八番目のそれには実に七カ年を要しているという。先生の論文で一から六まではむずかしい。しかしまだそれなりにわかるような気がするが、七、八に至ってはほとんど神秘的だと思っている。

「生活をできるだけ整理して」といつか私にいわれたことがある。たったこれだけのことばが私には大きな指針になったように思う。先生ご自身は「一応生活できるのに数学者が講義などで時間を浪費すべきでない」とされて故郷へ引き籠られたのである。実際、私などは思考を少し深いところからよび出そうとすれば、いつも夏休みを待たねばならない。しかしながら先生は、丁度敗戦直後の食糧難と経済の変動の時期にあわれてずいぶん苦労された。芋畑の草を引きながら、よび出しつつあるものに心の焦点が合えば、そのまましゃがみこんで地面に書きながら考え込むというふうだったそうである。「もっと精根を入れて草引きしてもらわな」と叱られたとか。

先生は新制大学発足のとき、奈良女子大に来られたのであるが、それまでに先生のことばを借りれば「墓石以外はみな売り払ってしまった」という。

　　　故郷は家なくてただ秋の風

私の好きな先生の一句である。

(西野利雄「岡先生の数学」(岡潔集第一巻学研、付録 "月報"(昭和44年2月)))

岡潔と芭蕉の連句

　西野師の文章にあるように、岡老師は芭蕉一門の連句に親しみ、かつこれを日本文学の最高峰と考えて高く評価していた。また、単に文学趣味でこれらに接していたわけではなく、連句の世界が数学に通じると考え、数学研究者が心して学ぶべきものと考えていた。現在ではすたれて顧みられなくなった連句という芸術の形式を西野師の文章で挙げられた例、猿蓑 "はつしぐれの巻" に従って少し紹介してみる。

　連句は五七五の発句ではじまり、次いで七七、さらに五七五と長句、短句交互になって三十六句が続く (三十六歌仙に因んで、これを歌仙連句と言う)。これを発句を一人が出したなら、二句目は別人が、三句目はさらに一座の第三の者がという風に、共同作業でしかも即興でつくってゆく。"はつしぐれの巻" の場合は芭蕉と門人の去来、凡兆、史邦の 4 人で巻いている。

　最初の六句は以下のようである：

　鳶 (とび) の羽も刷 (かいつくろひぬ) ぬはつしぐれ　　去来
　　　　　一ふき風の木の葉しづまる　　芭蕉
　股引 (ももひき) の朝からぬるゝ川こえて　　凡兆
　　　　　たぬきをゝどす篠張の弓　　史邦

まいら戸に蔦這かゝる宵の月　芭蕉
　　　人にもくれず名物の梨　去来

　はじめて見る人には何が何だか分からないが、句を継ぐ作者はその直前の句と自分の句で一つの情景となるように工夫する、つまり、上記の六句を a,b,c,d,e,f とすると、a,b でひとつの情景、b,c がまた別の情景という風に、発句を除く各句がそれぞれ異なる二つの情景をえがく片棒をかつぐようにつくられてゆく。いわばまわり灯籠のように、一句現れるごとに情景が変化してゆく。

　このように二人三脚的に場面が展開するが、あらかじめ設定された目標も明確な構成もない。三十六句の中に、四季折々の情緒、人の世の悲しみ、古今の物語や逸話、貴人、市井の人、里人等の人物、戀、月と花。それら、この世の森羅万象が即興と一座の同行心によって描き出され、一瞬現れては幻のように消えてゆくのである。

　連句は、居合わせる一座の鍛えられた美意識と古典の教養を背景に、調和の感覚だけでつくられてゆく世界に類例のない高度な文学様式なのである。

　連句には、幾つかの簡単な約束がある。a,b から b,c へという場面展開で、b に対して c が a と同じ場面あるいは同じ趣向と思われるような後戻りする付け方を"扉付け"とよんで、もっとも大事な禁忌とする。この前に向かって展開する精神を、"連句に一歩もあとに帰るこころなし"などと言っている（去来篇『三冊子』には、「師のいはく、たとへば歌仙は三十六歩なり。一歩もあとに帰る心なし。行くにしたがひ、心の改まるはたゞ先へ行く心なれば也」という文章がある）。

　また、連句と言っても俳諧の発展したもので、眼目は四季の美しさをさまざまに映し出すことにあるのだから、月と花とは殊

に重要視される。たとえば、最初の六句を"初折り表六句"とよび、その五句目は月を出すことが決められている。全体で月は三度、花は二度決められた場所 (定座) に置かれる決まりである。

ここに出した表六句は大変渋くて、解釈をしてもなかなか真意が伝わらないと思うので、この六句全体の雰囲気を表している大傑作の一句で済ませる：

　名月や座にうつくしきひともなし

この"はつしぐれ"の巻での圧巻は、まさしく西野師の文中にある、半ばを過ぎた二十一句"火ともしに暮るれば登る峯の寺"以降三十句の"湖水の秋の比良のはつ霜"までの展開にある。その十句を挙げておく：

　火ともしに暮るれば登る峯の寺　　去来
　　　　　　ほととぎす皆鳴き仕舞たり　　芭蕉
　痩骨のまだ起き直る力なき　　史邦
　　　　　　隣をかりて車引きこむ　　凡兆
　うき人を枳殻垣よりくゞらせん　　芭蕉
　　　　　　いまや別 (わかれ) の刀さし出す　　去来
　せわしげに櫛でかしらをかきちらし　　凡兆
　　　　　　おもひ切 (きっ) たる死にぐるひ見よ　　史邦
　青天に有明月の朝ぼらけ　　去来
　　　　　　湖水の秋の比良のはつ霜　　芭蕉

となる。ここも、すべてを見ていると長くなりすぎるから、うき人以下の六句の展開についてだけ述べる。

　隣をかりて車引きこむ　　凡兆
　うき人を枳殻垣よりくゞらせん　　芭蕉

前句とのつながりでやせ衰えた病人を乗せたと思われていた車を、恋人の元に通ってくる男の車 (牛車) と見立て換えて "戀の句" に仕立てた。しかも、この男は "うき人" であるから、別の恋人も持っている。その多情多感な男 (それは光源氏の面影である) にとげのあるからたちの垣根 (枳殻 (きこく) 垣) の破れ目をくぐらせて屋敷に導いている、恨みと嫉妬を表している女 (源氏物語の六条御息所の面影である) を出してきた。"戀の句" の名手である芭蕉の真骨頂である。芭蕉みずからがここでの付けを買って出たようすも浮かんでくる。この一句で断然展開が華やかになった。

　　うき人を枳殻垣よりくゞらせん　　芭蕉
　　　　　　いまや別 (わかれ) の刀さし出す　　去来

　前句で入り口であった、垣根の破れ目は、ここでは帰り口になっている。恋人の元から去ってゆく男に、別れを惜しみつゝ差料の刀を渡しているのである。芭蕉の教えをもっとも純粋に守っていた去来が、師匠にぴったりと呼吸を合わせている風情もすばらしい。なお、垣根の破れ目から恋人がしのんでやってくるのは、身分の低い人物を意味しない。貴族階級の屋敷でも、そのような出入り口を訪ねてくる男が利用していた。たとえば、そのあり様が王朝末期の作品『とはずがたり』でも、主人公の実際の話として詳しく描写されている。

　　　　　　いまや別 (わかれ) の刀さし出す　　去来
　　せわしげに櫛でかしらをかきちらし　　凡兆

　ここの展開は今ひとつ不明であるが、戀の句が三句続いていると思われる。今度は女はカラタチの垣根のある家の住人ではな

く、髪をせわしげにかきちらす市井に暮らす当世の女になった。位と時代を転換したのである。私は、なぜか『御宿かわせみ』の世界を連想する。

　　せわしげに櫛でかしらをかきちらし　　凡兆
　　　　　　おもひ切(きっ)たる死にぐるひ見よ　　史邦

　ここで場面は急展開し、かしらをかきむしっているのは、"死にぐるひ"の男である。"かしら"という措辞が文楽の登場人物をおもわせ、全体が人形の激しい所作を連想させている。さらにいえば、口調もどこか義太夫節っぽく聞こえてくる気がする。死にくるっている分けは余り詮索しないで、太棹の義太夫三味線の音色に合わせた激しい芝居仕立ての動きの妙だけをイメージしたい。私には、文楽の心中物の世界が浮かんでくる。

　　　　　　おもひ切(きっ)たる死にぐるひ見よ　　史邦
　　青天に有明月の朝ぼらけ　　去来

　出ました。どたばたした感じの前句の"死にぐるい"が、一瞬で、出陣する若武者に変身した。明けきったばかりの晴天の残月を描写しているだけの付けであるが、それは、いさぎよく死を決意し先陣を争って奮迅のはたらきをしようとする美々しい武将の視線の先に見えている風景であることが伝わってくる。『平家物語』の世界が面影で浮かび上がっている。また、ここは月の定座であった。日本の文化的伝統が凝縮した付けではないかと思う。

　　青天に有明月の朝ぼらけ　　去来
　　　　　湖水の秋の比良のはつ霜　　芭蕉

　この付けには、去来の描いた若武者の残像が、出陣したあと

の時間を描く形で残っていると思う。人物が去った後、茫洋とした琵琶湖の湖水と初霜のきれるようなさわやかな寒さを示して、余情限りない。遠く戦陣に馬を駆ってはせ参じている武者、あるいは戦いの場での叫喚が意識の隅に残りながら、眼前には鏡のような朝の水面だけが見えているのである。

　以上は、未熟な私の勝手な解釈であるが、日本の美的伝統をすべて包含しながら、隅田河畔のむさくるしい4畳半で自由にイメージが飛翔する連句の世界の一端を紹介した。

　岡老師は、数学の研究をこのような高度なイメージの飛翔で展開せよと主張し実践したのであった。

参考文献

数学の顔

- [bp] パスカル『パンセ』(前田陽一，由木康訳)，中公クラシックス，2001.
- [tz] 吉田兼好『徒然草』，岩波文庫.
- [st] 下村寅太郎『スエーデン女王クリスチーナ』，中公文庫，1992.
- [oks] 『岡潔集』全5巻，学研，1969 (学術出版会から復刻，2008).
- [nr] 児玉幸多，豊田武，斎藤忠編『日本歴史の視点 1』，日本書籍，1973.

自明

- [eu] 『ユークリッド原論』(中村幸四郎，寺阪英孝，伊東俊太郎，池田美恵訳・解説)，共立出版，1971.
- [kyr] 『去来抄・三冊子・旅寝論』，岩波文庫 (引用した朝顔論争は p.42 にある).
- [koe] H. Cartan, R. Narashimhan, R. Remmert 編, Kiyoshi Oka Collected Papers, Springer (1984).

計算と証明

- [sop] シャーラウ，オポルカ『フェルマーの系譜』(志賀弘典訳)，日本評論社，1994.
- [bge] Molière, Lully, *Le Bourgeois Gentihomme*, 演奏 Le Poème Harmonique, Alpha 700 (DVD, Pal 方式)
- [mol] モリエール『町人貴族』，岩波文庫.
- [yab] 薮内清『中国の数学』，岩波新書.
- [acn] ジャン＝ピエール・シャンジュー，アラン＝コンヌ対談集『考える物質』(浜名優美訳)，産業図書，1991，原著 1989.

[shi4] 志賀弘典「天上の歌を聴いた日」,『数学セミナー』1979 年 1 月号, 2 月号.

[mor] 森有正『遙かなノートルダム』, 筑摩書房, 1967.

[dca] 『デカルト著作集』(全 4 巻), 白水社, 1973.

代数、幾何、解析そして算術

[gr] P.Griffiths, Introduction to Algebraic Curves, AMS, 1989.

[uk] 上野健爾『代数幾何入門』, 岩波書店, 1995.
(フェルマー予想, モーデル (Mordell) 予想, ヴェイユ (Weil) 予想の解決については以下のサイトがある)

[ferm] [http://mathworld.wolfram.com/FermatsLastTheorem.html]

[mord] [http://mathworld.wolfram.com/MordellConjecture.html]

[tau] [http://mathworld.wolfram.com/TauConjecture.html]

[pl2] プラトン『国家』上下巻, (藤沢令夫訳), 岩波文庫.

[sop] シャーラウ, オポルカ『フェルマーの系譜』(志賀弘典訳), 日本評論社, 1994.

特異点

[rm] 足立恒雄, 杉浦光夫, 長岡亮介編『リーマン論文集』, 朝倉書店, 2004.

[gr] G. Griffiths, Introduction to Algebraic Curves, American Mathematical Society.

[uk] 上野健爾『代数幾何入門』, 岩波書店, 1995.

[fj] 藤原松三郎『常微分方程式』, 岩波高等数学叢書, 1930.

[hro] 原岡喜重『超幾何関数』, 朝倉書店, 2002.

[ys] マルグリット・ユルスナール『ハドリアヌス帝の回想』, (ハドリアヌス廟＝カステル．サンタンジェロ城にある皇帝自選の墓碑銘から始まる名著) (多田知満子訳), 白水社, 2001.

[nnm] 塩野七生『ローマ人の物語』ユリウス・カエサル (ルビコン以前), 新潮文庫. (ガリア戦記の図解入り解説部分は圧巻)

[mnt] モンタネッリ『ローマの歴史』(藤沢道郎訳), 中公文庫. (痛快なローマ通史)

[stn] スエトニウス『ローマ皇帝伝』, 岩波文庫. (古代ローマの同時代人による貴重な伝記集)

評価

[su] 塩川宇賢『無理数と超越数』, 森北出版, 1999.

[cr] デズモンド・スアード『カラヴァッジョ灼熱の生涯』(石鍋真澄, 石鍋真理子訳), 紀伊國屋書店.

線形性

[gr] P.Griffiths, Introduction to Algebraic Curves, AMS, 1989.

[ntz] ニーチェ『善悪の彼岸』, 岩波文庫.

[sil] J. シルバーマン-J. テイト『楕円曲線論入門』(足立恒雄, 木田雅成, 小松啓一, 田谷久雄訳), シュプリンガー・フェアラーク東京, 1995.

[pasz] 『パスカル全集』(伊吹武彦他訳), 人文書院, 1959.

[pfr] M.R. ラヴィン『ピエロ・デラ・フランチェスカ　笞打ち』(長谷川三郎訳), みすず書房, 1979.

関係

[yab] 藪内清『中国の数学』, 岩波新書, 1974.

[yam] 山下純一『数学史物語』, 東京図書, 1988.

[mpo] モーリス・メルロー=ポンティ『シーニュ』(竹内芳郎監訳), みすず書房, 1969.

[dio] Pierre Fermat, Précis des oeuvres mathématiques et de l'arithm étiques de Diophante , Jacques Gabay, Sceaux, 1989.

[stand] http://www-history.mcs.st-andrews.ac.jp (セントアンドリュース大学数学史ホームページ)

離散と連続

[trs] フロランス・トリストラム『地球を測った男たち』(喜多迅鷹,デルマス柚紀子訳),リブロポート,1983年.

[pris] http://www.cs.princeton.edu/introcs/94diffeq/

[wro] http://www.math.uni.wroc.pl/~karch/A2/atraktor-lorenza.pdf

[ghys] http://www.umpa.ens-lyon.fr/~ghys/articles/icm.pdf

推論

[dsc] デカルト『方法叙説』,岩波文庫.

[wag] ワーグナー『ニーベルングの指環』(『ラインの黄金』,『ワルキューレ』,『ジークフリート』,『神々の黄昏』の4部作全曲),指揮 Daniel Barenboim, 演出 Harry Kupfer, 1991/92 Bayreuth 音楽祭での収録, DVD,WPBS-90233/39

[yon] 米長邦雄『一手三手の詰将棋』,山海堂,1980.

[nou] G. M. エーデルマン『脳は空より広いか』,草思社,(原著2004年)

不変量

[ozh] 尾崎雅嘉『百人一首一夕話』上下,岩波文庫.

[anz] 安東次男『百人一首』,新潮文庫. (仏文学者が書いている百人一首解説,通常の国文学者と視点が違っていて新鮮な驚きがある)

[ker] クライン『エルランゲン・プログラム』,現代数学の系譜7, (寺阪英孝,大西正男訳),共立出版.

[sil] J. シルバーマン-J. テイト『楕円曲線論入門』(足立恒雄,木田雅成,小松啓一,田谷久雄訳), シュプリンガー・フェアラーク東京,1995.

[mp] マルセル・プルースト『失われた時を求めて』第 1 篇スワン家の方，(井上究一郎訳)，ちくま文庫．

小芸術家たち

[gou] Cecil Gould, "Parmigianino", Arnoldo Mondadori, Milano, 1994.

[wak] 若桑みどり『薔薇のイコノロジー』，青土社，1984．

[vas] ヴァザーリ『続ルネッサンス画人伝』，白水社，1995．

[celli] ベンヴェヌート・チェッリーニ自伝，岩波文庫 (16 世紀芸術家の痛快な自伝)

[nak] 中島敦『李陵，山月記』，新潮文庫 (『名人伝』所収)．

[toso] 『唐宋伝奇集』(上下)，岩波文庫．(上巻第 3 話が「邯鄲夢の枕」)

[yut] マルグリット・ユルスナール『東方奇譚』(多田智満子訳)，白水社，1980．

[fra] アナトール・フランス『舞姫タイス』(水野成夫訳)，白水社，2003．

[masn] Jules Massenet, Thaïs , ヴェネチア・フェニーチェ劇場製作，Eva Mei, Michele Pertusi 主演，Dynamic 33427 (DVD).

[ara] 荒井献『トマスによる福音書』，講談社学術文庫，1994．

[anz] 安東次男『百人一首』，新潮文庫．

[skw] 『新古今和歌集』，岩波古典文学全集．

[skb] 『新古今和歌集』，岩波文庫．

[ant] 安東次男『百首通見』，ちくま文庫，2002．(原著，集英社，1973．)

[gjz] 秋山虔，小町谷照彦編『源氏物語図典』，小学館，1997 (襲ねの色目一覧がある)

[hot] Hotteterre le Romain, *Pieces pour la flute traversiere I,II*, Studio per edizioni scelte.

[haz] *Ecos Fidelles (Pieces pour la flute traversiere par M.Hotteterre le Romain)*, Wilbert Hazelzet(flute), glossa

GCD920801(コンパクトディスク)1996.

[gon] ゴンクール兄弟の見た『18 世紀の女性』(鈴木豊一訳), 平凡社, 1994 年.

[hel] ユッタ・ヘルト『ヴァトー, シテール島への船出』(中村俊春訳), 三元社, 1992.

[hay] 林達夫『文芸復興』, 中公文庫, 1981.
(『シテール島への船出』とヴェルレーヌの詩, ドビュッシーの歌曲の関係を論じた興味深い文章が見られる．)

[mur] 村松梢風『本朝画人伝』巻二, 中央公論社, 1985.

[20] 植村和堂コレクション『冷泉為恭– 復古大和絵の画人たち–』, 1993 年、根津美術館（展示会出品目録）

[rtm] 『去来抄・三冊子, 旅寝論』, 岩波文庫, 頴原退蔵校訂, 1939.

[mar] マラルメ詩集、岩波文庫

老師：岡潔

[註 1] 岡の著作の至る所にこの内容の言及があるが, たとえば『岡潔集』第 2 巻 p.21,25,35,49.

[註 2] 岡潔, 小林秀雄対談集『人間の建設』, 新潮社, 1965. にそのような会話が交わされている．

[koe] Kiyoshi Oka, Collected Works, Springer (1984).

[okb] 岡潔文庫：http://www.lib.nara-wu.ac.jp/oka/

[zen] 鈴木大拙 [監修], 西谷啓治 [編集],『講座『禅』第三巻, 筑摩書房, 1967, 中の「達磨」久松真一の章

[fir] リルケ『フィレンツェだより』(森有正訳), 筑摩書房, 1970.

[kas] 笠原乾吉『複素解析–1 変数解析関数』, 実教出版.

[sen] 伝西行『選集抄』, 岩波文庫.

[bib] 『聖書』(新共同訳), 日本聖書協会, 1988.

[sea] 世阿弥『風姿花伝』, 岩波文庫.

人名索引

●あ行

アーベル (N. H. Abel, 1802-1829), 58, 92, 94, 178

芥川龍之介 (1892-1927), 6

安倍仲麻呂 (698-770), 129

アルキュタス (Archytas, 428BC- 347BC), 34

アレクサンドロス大王 (Aleksandros III Megas, 356BC-323BC), 101

井草準一 (1924-), 46

ヴァレリー (Paul-Toussaint-Jules Valery, 1871-1945), 192

ヴェイユ (Andre Weil, 1906-1998), 34

ヴォルテラ (Vito Volterra, 1860-1940), 116

慧可 (487-593), 189

オイラー (L. Euler, 1707-1783), 47

応挙 (円山応挙 (まるやまおうきょ), 1733-1795), 48

岡潔 (1901-1978), ii, 6, 15, 25, 35, 176, 200

岡倉天心 (1863-1913), 150

オットテール・ル・ロマン (本名 Jacque Martin Hotteterre, 1674-1763), 163

●か行

ガウス (J. C. F. Gauss, 1777-1855), 22, 57

荷兮 (山本荷兮 (やまもとかけい), 1648-1716), 173

カッシーニ父 (Giovanni Domenico Cassini, 1625-1712), 111, 112

カッシーニ息子 (Jacques Cassini, 1677-1756), 111, 112

カラヴァッジョ (Caravaggio, 1571-1610), 74, 114

ガリレオ・ガリレイ (Galileo Galilei, 1564-1642), 114, 127

カルタン (Henri Cartan, 1904-2008), 179, 186

其角 (宝井其角 (たからいきかく), 1661-1707), 174

(エチエンヌ・) ギス (Etienne Ghys, 1954-), 121

去来 (向井去来 (むかいきょらい), 1651-1704), 12, 170, 200, 201

クザン (Pierre Cousin, 1867-1933), 35, 176, 177

クライン (Felix Klein 1849-1925), 130, 134

クリスチーナ女王 (Kristina, 1626-1689), 4

クレオパトラ (Cleopatra, 69BC?-

30BC), 101
クレメンス VII 世 (Clemens VII, 1479-1534), 62, 144
後水尾天皇 (1596-1680, 在位 1611-1629), 79
コレッリ (Arcangelo Corelli, 1653-1713), 163
(アラン・) コンヌ (Alain Conne, 1947-), 17, 27

●さ行
酒井雅楽頭守 (さかいうたのかみ, 1624-1681), 168
酒井抱一 (さかいほういつ, 1761-1828), 170
嵯峨天皇 (786-842), 180
実朝 (源実朝 (みなもとのさねとも), 1192-1219), 161
シーザー (Gaius Julius Caesar, 100BC-44BC), 154
シャンジュー (Jean-Pierre Changeux, 1936-), 17, 27
世阿弥 (1363?-1443?), 186

●た行
ダ ヴィンチ (Leonardo da Vinci, 1452-1519), 144
竹内端三 (1887-1945), 46
達磨 (菩提達磨 (ぼだいだるま), 382?-532), 189
(ベンベヌート・) チェッリーニ (Benvenuto Cellini, 1500-1571), 144

ツヴァイク (Stefan Zweig, 1881-1942), 63
ディオファントス (Diophantus, 生没年不詳), 37, 101
ディリクレ (P. G. L. Dirichlet, 1805-1859), 22, 23
デカルト (René Descartes, 1596-1650), 4, 28, 111, 123, 125, 126, 154
デューラー (Albrecht Dürer, 1471-1528), 145
トゥルレン (Peter Thullen, 1907-1996), 176
ドリーニュ (Pierre Deligne, 1944-), 34

●な行
中島敦 (1909-1942), 147
ニーチェ (Friedrich Wilhelm Nietzsche, 1844-1900), 99
西野利雄 (1932-2005), 180, 191
(アイザック・) ニュートン (I. Newton, 1642-1727), 111, 112, 164

●は行
ハーディ (G. H. Hardy, 1877-1947), i
芭蕉 (松尾芭蕉 (まつおばしょう), 1644-1694), 13, 170, 200
パスカル (Blaise Pascal, 1623-1662), 2, 85, 88, 91, 94, 96, 132, 134
ハッセ (H. Hasse, 1898-1979), 22

ハドリアヌス帝 (Hadrianus, 76-138, 在位 117-138), 63
ハルトグス (Friedrich Hartogs, 1874-1943), 177
パルミジャニーノ (Parmigianino, 1503-1540), 62, 144
ピエロ・デラ・フランチェスカ (Piero della Francesca, 1415-1492), 96
ピタゴラス (Pythagoras, 569BC?-475BC?), 34
平櫛田中 (ひらくしでんちゅう, 1872-1979), 151
ファブリ (Eugéne Fabry, 1856-1944), 177
ファルティンクス (Gerd Faltings, 1954-), 35
ファン・アイク (Jan van Eyck c., 1387-1441), 183
ブーシェ (François Boucher, 1703-1770), 164
(アントワーヌ・) ブールデル (Antoine Bourdelle, 1861-1929), 26, 152
フェルマー (Pierre de Fermat, 1601-1665), 18, 20, 22, 35, 101
フェルメール (J. Vermeer, 1632-1675), 96
藤原松三郎 (1881-1946), 46
藤原定家 (ふじわらのていか, 1162-1241), 60, 161
藤原雅経 (ふじわらのまさつね, 1170-1221), 158
フックス (Lazarus Fuchs, 1833-1902), 58
フラゴナール (Fragonard, 1732-1806), 164
プラトン (Platon, 427BC-347BC), 3, 27, 28, 34, 154
(アナトール・) フランス (Anatole France, 1844-1924), 156
ブリューゲル (Bruegel, 1525?-1569), 184
フルヴィッツ (Adolf Hurwitz, 1859-1919), 52
プルースト (Marcel Proust, 1871-1922), 137, 140
ブルネレスキ (Brunelleschi, 1377-1446), 95
ベーンケ (Heinrich Behnke, 1898-1979), 176
ペル (John Pell, 1610-1685), 18, 20, 22, 23
ヘルマンダー (Hörmander, 1931-), 98
ヘンデル (G. F. Handel 1685-1759), 163
ホッジ (Sir William Hodge, 1903-75), 59

●ま行
マスネー (Massenet, 1842-1912), 158
マラルメ (Stéphane Mallarmé, 1842-

1898), 192
三島由紀夫 (1925-1970), 115
ミッタック=ルフラー (Mittag-Leffler, 1846-1927), 176
メルセンヌ神父 (Mersenne, 1588-1648), 127
メルロー=ポンティ (Maurice Merleau-Ponty, 1908-1961), 102
モーツァルト (Mozart, 1756-1791), 44
モーデル (Mordell, 1888-1972), 35
森有正 (1911-1976), 25
モリエール (Moliere, 1622-1673), 16
森鴎外 (1862-1922), 61

●や行
ユークリッド (Euclid, 365BC?-275BC?), 9, 29, 44
ユルスナール (Yourcenar, 1903-1987), 62, 153

●ら行
ライプニッツ (Leibniz, 1646-1716), 142
ラファエロ (Raffaello, 1483-1520), 144
ラマヌジャン (S. A. Ramanujan, 1887-1920), 11
リーマン (Bernhard Riemann, 1826-1866), 47, 54, 56, 57, 68, 93, 94, 178
リュリ (Jean-Baptiste Lully, 1632-1687), 16
リルケ (Rainer Maria Rilke, 1875-1926), 190, 195
ルイ XIV 世 (Louis XIV de France, 1638-1715, 在位 1641-1715), 16, 78, 163
ルー・アンドレアス・サロメ (Lou Andreas-Salome, 1861-1937), 191
ル ジャンドル (A. M. Legendre, 1752-1833), 20, 135
(アンドレ・) ルノートル (Andre Le Notre, 1613-1700), 78
ルンゲ (Carl David Tolmé Runge, 1856-1927), 177
冷泉為恭 (れいぜいためちか, 1823-64), 167
レヴィ (E. E. Levi, 1883-1917), 177
ローレンツ (Edward Lorenz, 1917-2008), 120, 121

●わ行
ワーグナー (Ricahrd Wagner, 1813-1883), 62, 125
ワイエルストラス (Weierstrass, 1815-1897), 177
ワイルス (Andrew Wiles, 1953-), 35
ワトー (Antoine Watteau, 1684-1721), 164

志賀 弘典 (しが・ひろのり)

略歴
1944年　埼玉県に生まれる．
1968年　東京大学理学部数学科を卒業．
1984年　理学博士(名古屋大学)．
現　在　千葉大学大学院理学研究科教授．
　　　　早稲田大学理工学術院客員教授．

主な著訳書に
『数学の領域 – 知の世界のガイドツアー』(日本評論社)
シャーラウ・オポルカ『フェルマーの系譜 – 数論における
　着想の歴史』(日本評論社)
『数学おもちゃ箱』(日本評論社)
『15週で学ぶ複素関数論 改訂版』(数学書房)
『数学の視界』(数学書房)

すうがくごけん
数学語圏 ─ 数学の言葉から創作の階梯へ

2009年3月31日　第1版第1刷発行

著　者　　志　賀　弘　典
発行者　　横　山　　伸
発　行　　有限会社　数　学　書　房
　　　　　〒101-0051 東京都千代田区神田神保町 1-32 南部ビル
　　　　　TEL : 03-5281-1777
　　　　　FAX : 03-5281-1778
　　　　　mathmath@sugakushobo.co.jp
　　　　　http://www.sugakushobo.co.jp/
　　　　　振替口座　00100-0-372475
印　刷
製　本　　モリモト印刷
組　版　　永石晶子
装　幀　　岩崎寿文

ⓒ Hironori Shiga 2009　Printed in Japan
978-4-903342-08-5